生态环境科技蓝皮书2021

中国环境科学研究院

“十三五”中国清洁生产推行进展蓝皮书

Blue book of the implementation progress on cleaner production during the “13th Five-Year Plan” period in China

党春阁　陈晨　赵志远　方刚　著

中国环境出版集团·北京

图书在版编目（CIP）数据

“十三五”中国清洁生产推行进展蓝皮书 / 党春阁等著 . — 北京：中国环境出版集团，2022.12
（生态环境科技蓝皮书 . 2021）
ISBN 978-7-5111-5254-1

Ⅰ. ①十…　Ⅱ. ①党…　Ⅲ. ①无污染技术—研究报告—中国—2016-2020　Ⅳ. ① X383

中国版本图书馆 CIP 数据核字（2022）第 149914 号

出 版 人　武德凯
责任编辑　曲　婷
责任校对　任　丽
封面设计　光大印艺

出版发行　中国环境出版集团
（100062　北京市东城区广渠门内大街 16 号）
网　　址：http://www.cesp.com.cn
电子邮箱：bjgl@cesp.com.cn
联系电话：010-67112765（编辑管理部）
发行热线：010-67125803，010-67113405（传真）
印　　刷　北京中科印刷有限公司
经　　销　各地新华书店
版　　次　2022 年 12 月第 1 版
印　　次　2022 年 12 月第 1 次印刷
开　　本　787 × 1092　1/16
印　　张　16
字　　数　300 千字
定　　价　100.00 元

丛书编写委员会

顾　　问：（按姓氏笔画排序）

王　桥	王文兴	王光谦	王金南
邓铭江	曲久辉	朱利中	任阵海
任洪强	刘　旭	刘文清	刘丛强
刘鸿亮	杨志峰	吴丰昌	张小曳
张远航	陈云敏	郝吉明	胡春宏
胡保林	段　宁	侯立安	贺　泓
贺克斌	夏　军	倪晋仁	徐祖信
徐祥德	陶　澍	傅伯杰	魏复盛

主　　编：李海生

副 主 编：

陈　斌	宋永会	陈　炜	姜　华
席北斗	周岳溪	乔　琦	武雪芳
孟　凡	胡京南	丁　焰	许其功
姜　霞	徐　建	王海燕	欧阳朝斌

编委会

前言

清洁生产是通过不断采取改进设计、使用清洁的能源和原料、采用先进的工艺技术与设备、改善管理、综合利用等措施，达到从源头削减污染，减少和避免污染物的产生，保护和改善环境，保障人体健康等效果，最终促进经济与社会可持续发展。清洁生产审核作为工业污染防治的重要制度手段之一，有效推动了污染防治从末端治理向全过程控制的转变，是落实绿色发展方式的重要途径。

党的十九大报告提出，到2035年，要达到生态环境质量根本好转，美丽中国目标基本实现的总体要求。经过全国生态环保工作者的不懈奋战，污染防治攻坚战已取得良好成效，但生态环境改善从量变到质变的拐点还没有到来，需要在“十四五”期间继续努力。为落实《中华人民共和国清洁生产促进法》（以下简称《清洁生产促进法》），需强化顶层设计，加大政策支持力度，做好与相关环境管理制度的有效衔接，持续推进我国清洁生产能力建设，深入打好污染防治攻坚战。

当前，我国清洁生产审核推行已取得显著成效。一是政策法规体系已基本形成。国家颁布实施《促进法》，国务院有关部门出台《清洁生产审核办法》及一系列配套政策措施，地方政府也相继发布相关条例和规章。二是技术支撑体系基本建成。国家相关部委发布了钢铁、水泥等45个行业的清洁生产评价指标体系，陆续出台了部分行业准入管理政策、技术导向名录等。三是能力建设工作初具规模。截至2020年，全国共建成76个省级、31个市级及15个行业清洁生产中心，培育清洁生产审核咨询服务机构1 232家，培训国家层面清洁生产审核人员10万余人次，开展清洁生产审核的企业达20余万家，培养国家和地方清洁生产专家近5 000人。四是节能减排成效显著。随着清洁生产审核和清洁生产技术的大规模应用，电力、钢铁、水泥等传统产业的资源能源利用率不断提升。据不完全统计，"十三五"期间，我国通过实施清洁生产审核实现节电26 465 706兆瓦·时，减少二氧化碳排放量2 153.79万吨；节约煤炭资源71 226.88万吨，减少二氧化碳排放量197 476.52万吨；节约天然气71 383.6万米^3，减少二氧化碳排放量217 702.13万吨；节约原油2 660 263吨，减少二氧化碳排放量1 053.68万吨。据统计，"十三五"期间，我国清洁生产工作总计产生经济效益1 412.97亿元，在很大程度上提高了企业主动承担环境责任、主动开展清洁生产审核的积极性。

自《清洁生产审核评估与验收指南》（环办科技〔2018〕5号）以及《关于深入推进重点行业清洁生产审核工作的通知》（环办科财〔2020〕27号）（以下简称《通知》）施行以来，我国各地政府积极响应，进一步规范了各省份开展清洁生产审核评估验收工作的程序，明确了各级主管部门开展评估与验收工作职责，对提升全国清洁生产审核的整体质量起到至关重要的作用。特别是《通知》发布以来，各地清洁生产工作有了更多参考依据，在压实企业清洁生产审核主体责任、审核模式创新、健全技术与服务支撑体系、资金保障与政策支持、清洁生产信息系统建设以及宣传引导方面有了显著改善。

受生态环境部科技与财务司委托，中国环境科学研究院清洁生产与循环经济研究中心联合北京京诚嘉宇环境科技有限公司、中国水泥协会、中国电力企业联合会、中国皮革制鞋研究院有限公司、北京市科学技术研究院资源环境研究所、中国铸造协会、中国印染行业协会等单位，共同组织编写了《“十三五”中国清洁生产推行进展蓝皮书》，从全国清洁生产推进政策、清洁生产能力建设情况、清洁生产审核工作和实施以及钢铁、水泥、电力、造纸、印染、皮革、铸造等7个重点行业清洁生产进展等方面全面展示了“十三五”期间我国清洁生产推行的总体情况。

本书共五章，全书大纲设计和总体策划编写由党春阁完成，全书统稿由陈 晨、赵志远、方刚完成。其中第一章由胡冬雪、郭亚静、姚永会执笔完成，第二章由陈晨、林雨琛、罗旭执笔完成，第三章由赵志远、李子秀、朱瑶执笔完成，第四章由方刚、刘园（贵州省环境工程评估中心）、张桂红执笔完成，第五章由曹林锋、丁志文、贾学桦、高旭东、韩桂梅、侯雅楠、刘嵘、刘添涛、刘志强、刘树生、刘昱涵、庞晓燕、潘荔、王瑞晨、徐艺莎、颜佳霖、朱 瑶、赵伟伟、赵辉、张 钦等完成。感谢吕奔、欧阳朝斌、刘景洋、王璠等几位老师在本书完稿过程中给予的指导和支持。

本书中的数据、信息均由各省（区、市、兵团）生态环境厅（局）提供，在此表示诚挚感谢！

目录

1

中国清洁生产发展现状

Cleaner production development status in China

1.1 清洁生产的起源

清洁生产起源于1960年的美国化学行业的污染预防审计。而“清洁生产”概念的出现，最早可追溯到1976年。当年欧洲共同体（以下简称欧共体）在巴黎举行了“无废工艺和无废生产国际研讨会”，会上提出了“消除造成污染的根源”的思想；1979年4月，欧共体理事会宣布推行清洁生产政策；1984年、1985年和1987年欧共体环境事务委员会三次拨款支持建立清洁生产示范工程。

自1989年联合国在全球范围内推行清洁生产以来，先后有8个国家建立了清洁生产中心，推动着各国清洁生产不断向深度和广度拓展。1989年5月联合国环境规划署工业与环境规划活动中心（UNEPIE/PAC）根据联合国环境规划署（UNEP）理事会会议的决议，制定了《清洁生产计划》，在全球范围内推进清洁生产。该计划的主要内容之一为组建两类工作组：一类是制革、造纸、纺织、金属表面加工等行业清洁生产工作组；另一类是清洁生产政策及战略、数据网络、教育等业务工作组。该计划还强调要面向政界、工业界、学术界人士，提高他们的清洁生产意识，教育公众，推进清洁生产的行动。1992年6月，在巴西里约热内卢召开的“联合国环境与发展大会”上，通过了《21世纪议程》，目的在于号召工业提高能效，开展清洁生产，更新、替代对环境有害的产品和原料，推动实现工业可持续发展。中国政府也积极响应，于1994年提出了《中国21世纪议程》，其中将清洁生产列为“重点项目”之一。

自1990年以来，联合国环境规划署已先后在坎特伯雷、巴黎、华沙、牛津、汉城（今首尔）、蒙特利尔等地举办了六次国际清洁生产高级研讨会。在1998年10月韩国汉城第五次国际清洁生产高级研讨会上，出台了《国际清洁生产宣言》。包括13个国家的部长、其他高级代表以及9位公司领导人在内的64位与会者共同签署了该宣言，参加这次会议的还有相关国际机构、商会、学术机构和专业协会等组织的代表。《国际清洁生产宣言》的主要目的是提升公共部门和私有部门中关键决策者对清洁生产战略的理解及该战略在他们中间的形象，它也将刺激各国对清洁生产咨询服务的更广泛的需求。《国际清洁生产宣言》是对作为环境管理战略之一的清洁生产的公开承诺。

20世纪90年代初，经济合作与发展组织（OECD，以下简称经合组织）在许多国家采取不同措施鼓励采用清洁生产技术。例如，在西德，将70%的投资用于清洁工艺的工厂可以申请减税。在英国，税收优惠政策是导致风力发电增长的原因。1995年以来，经合组织国家的政府开始把他们的环境战略转向产品而不是工艺，以此为出发点，引进生命周期分析，以促进在产品寿命周期（包括制造、运输、使用和处置）中的某一个阶段有可能削减或替代原材料投入和最有效并以最低费用消除污染物和废物。这一战略刺激和引导生产商和制造商以及政府政策制定者去寻找更富有想象力的途径来实现清洁生产。

美国、澳大利亚、荷兰、丹麦等发达国家在清洁生产立法、组织机构建设、科学研究、信息交换、示范项目和推广等领域已取得明显成就。特别是21世纪后，发达国家清洁生产政策有两个重要的倾向：一是着眼点从清洁生产技术逐渐转向清洁产品的整个生命周期；二是从大型企业在获得财政支持和其他种类对工业的支持方面拥有优先权转变为更重视扶持中小企业进行清洁生产，包括提供财政补贴、项目支持、技术服务和信息等措施。

1.2 我国清洁生产发展沿革

清洁生产及相关活动在我国具有较长的历史，1973 年《关于保护和改善环境的若干规定（试行草案）》中提出的“预防为主，防治结合”治污方针，体现了清洁生产的核心思想，我国清洁生产工作的推行大体上经历了 5 个发展阶段。

1.2.1 前期准备阶段（1973—1988 年）

1973 年，我国制定了《关于保护和改善环境的若干规定（试行草案）》，提出了“预防为主，防治结合”的治污方针，这是我国最早的关于清洁生产的法律规定。自 20 世纪 70 年代末期起，我国一些企业（如吉林化学公司）就开展了被称为“无废工艺”“少废工艺”“生产全过程污染控制”等的一系列工艺改革，由此产生了不少成功的案例，这是中国推行清洁生产的前期准备阶段。20 世纪 80 年代，随着环境问题的日益严重，我国又提出消除“三废”的根本途径是技术改造，关于清洁生产的思想也零星地体现在环境管理的政策文件中。但是，由于缺乏完整的法规、制度和操作细则，清洁生产并没有成为解决环境与发展问题的对策。

1.2.2 清洁生产形成阶段（1989—1992 年）

1989 年，联合国环境规划署提出推行清洁生产的行动计划后，清洁生产的理念和方法开始引入我国，我国政府做出了积极回应，有关部门和单位开始研究如何在我国推行清洁生产。1992 年 8 月，国务院制定了《环境与发展十大对策》，提出：“新建、改建、扩建项目时，技术起点要高，尽量采用能耗物耗小、污染物排放量少的清洁生产工艺。”由此清洁生产成为解决我国环境与发展问题的对策之一。这个时期我国虽已认识到清洁生产在环境保护中的重要性，但限于当时的技术水平和资金条件，加之原来不合理产业结构的制约，使得这一政策的作用并没有完全发挥出来。

1.2.3 清洁生产法制化（1993—2002年）

我国清洁生产由自发阶段进入政府有组织的推广阶段。这一阶段的基本特征是清洁生产在法律政策上的确立、清洁生产概念和方法学的引进及其在中国的推广实践。在这10年间，我国清洁生产工作取得了重大发展，依靠各种国际合作项目和国内的示范项目在企业层次上进行清洁生产审核试点示范工程，开展清洁生产审核的企业有近千家。在《节约能源法》《大气污染防治法》《环境噪声污染防治法》和《固体废物污染环境防治法》等法律中，都增加了清洁生产这方面的内容。在这些法律的基础上，2002年6月29日，第九届全国人大常委会第二十八次会议审议通过了《中华人民共和国清洁生产促进法》（以下简称《清洁生产促进法》）。该法是我国第一部以污染预防为主要内容的专门法律，是我国全面推行清洁生产的新里程碑，标志着我国清洁生产进入了法制化的轨道。

1.2.4 清洁生产政策制度逐步完善阶段（2003—2005年）

国家发展改革委、国家环境保护总局于2004年8月16日制定并审议通过了《清洁生产审核暂行办法》，该暂行办法首次提出了“强制性清洁生产审核”，对“清洁生产审核”给出了明确定义。《清洁生产审核暂行办法》的颁布实施成为清洁生产审核制度建立的里程碑。国家环境保护总局于2005年12月13日出台了《重点企业清洁生产审核程序的规定》，重点指出了强制性清洁生产审核的工作程序和要求，这标志着强制性清洁生产审核已经有章可依、有规可循。

在法律法规的促进下，我国的清洁生产审核工作从过去的局部地区局部行业的试点示范，迅速在全国各行业全面展开；开展清洁生产审核工作的省份也从以前的不足10个扩大为全国近30个省、自治区、直辖市；行业也从原来的化工、造纸、电镀、建材等有限的行业扩展到火电、机械加工、汽车、建材、钢铁、制药等多个行业。据不完全统计，2003—2005年，我国实施重点企业清洁生产审核企业的总数已近3 000家，是过去10年清洁生产审核企业数的3倍。

1.2.5 清洁生产政策制度发展完善阶段（2006 年至今）

为鼓励和指导企业有效开展清洁生产，规范清洁生产审核行为，确保取得节能减排的实效，环境保护部于 2008 年 7 月 1 日出台了《关于进一步加强重点企业清洁生产审核工作的通知》（环发〔2008〕60 号），《重点企业清洁生产审核评估、验收实施指南（试行）》和《需重点审核的有毒有害物质名录（第二批）》作为该通知的附件同时颁布实施，这标志着重点企业清洁生产审核评估验收制度的确立。这些政策法规对清洁生产审核制度的创新与完善、保障工业企业清洁生产审核质量、提高清洁生产中高费方案实施率具有重要的意义，同时解决了我国清洁生产实践长期以来一直存在的政府监管缺失、清洁生产审核质量缺少保障性措施的问题。

2009—2012 年分别出台了《中央财政清洁生产专项资金管理暂行办法》《关于深入推进重点企业清洁生产的通知》（环发〔2010〕54 号）、《重点企业清洁生产行业分类管理名录》《工业清洁生产推行“十二五”规划》，于 2012 年修订并发布《清洁生产促进法》，修订后的《清洁生产促进法》明确了清洁生产推进主管部门及职责，扩大了强制性清洁生产审核企业范围，确立了清洁生产审核评估验收制度。2016 年，环境保护部出台了《推进绿色制造工程工作方案》，该方案指出大力推进和完善清洁生产制度。2020 年，生态环境部办公厅和国家发展改革委办公厅联合发布了《关于深入推进重点行业清洁生产审核工作的通知》（环办科财〔2020〕27 号），该通知进一步强化清洁生产审核在重点行业节能减排和产业升级改造中的支撑作用，促进形成绿色发展方式，推动经济高质量发展。

1.3 清洁生产政策法规与指标体系

1.3.1 政策法规

清洁生产政策法规体系是我国开展清洁生产工作的前提保证。自 20 世纪

90年代引入清洁生产理念以来，有关部门和机构即开始清洁生产推进机制研究，在国际示范项目的推动下，清洁生产工作不断向政策法规深化。1992—2002年，我国陆续出台的《中国21世纪议程》《大气污染防治法》《固体废物污染环境防治法》等法律文件中都增加了清洁生产方面的内容（表1-1）。2003年1月1日起我国正式实施《清洁生产促进法》，这标志着我国清洁生产正式进入了法制化阶段。此后，国家有关部门陆续制定出台了一系列配套政策和制度：2004年8月16日国家发展改革委、国家环境保护总局联合颁布的《清洁生产审核暂行办法》，确立了清洁生产审核制度；2005年国家环境保护总局出台了《重点企业清洁生产审核程序的规定》，明确了清洁生产审核工作程序和要求，使清洁生产审核有章可循。为进一步确保清洁生产工作取得实效，环境保护部于2008年7月1日发布了《关于进一步加强重点企业清洁生产审核工作的通知》（环发〔2008〕60号），明确提出要开展重点企业清洁生产审核评估与验收工作，创新、完善强制性清洁生产审核制度，加强环境管理部门对企业清洁生产审核的监督与指导；2010年4月22日，环境保护部印发了《关于深入推进重点企业清洁生产的通知》（环发〔2010〕54号），将重点企业清洁生产工作与环境管理制度相结合，为重点企业清洁生产工作提供了保障。此外，清洁生产在《国家环境保护“十二五”规划》《国务院关于印发大气污染防治行动计划的通知》（国发〔2013〕37号）、《重金属污染综合防治“十二五”规划》以及《工业清洁生产推行“十二五”规划》等国家和各部门的重要文件中也被作为重要内容予以考虑。在国家政策的支持和引导下，各省（区、市）也相继制定和发布了相应的配套政策，为各地区清洁生产工作的落实保驾护航。2016年，环境保护部对《清洁生产审核暂行办法》进行了修订，进一步规范清洁生产审核程序，更好地指导地方和企业开展清洁生产审核工作。2018年，生态环境部和国家发展和改革委员会联合印发《清洁生产审核评估与验收指南》，规范清洁生产审核行为，科学推进了清洁生产工作的开展。2020年，生态环境部联合国家发展和改革委员会发布了《关于深入推进重点行业清洁生产审核工作的通知》（环办科财〔2020〕27号），提出要在充分认识新形势下推动清洁生产审核的重要意义前提下，扎实推进重点行业清洁生产审核工作、压实企业实施清洁生产审核的主体责任、积极推进清洁生产审核模式创新，同时相关政府部门需进一步健全技术与服务支撑体系、强化资金保障与政策支持、推进清洁生产信息系统建设并加大宣传引导力度。截至 2020 年年底，全国共有 4 个省（市）出台了清洁生产促进条例，20 多个省（区、市）印发了推行清洁生产的实施办法，30 个省（区、市）制定了清洁生产审核实施细则，22 个省（区、市）制定了清洁生产企业验收办法。总体来说，我国清洁生产经过 20 余年的发展，已基本建立并形成了一套比较完善的、自上而下的清洁生产政策法规体系，为我国清洁生产工作的全面开展提供了政策支持和法律保障。

表 1-1　我国清洁生产法规政策体系建设情况

年份	政府部门	法律法规、规定和管理办法
1992	—	参与联合国环境与发展大会，通过了以可持续发展战略为核心的《21 世纪议程》
1993	国家环境保护局、国家经贸委	第二次全国工业污染防治工作会议
1994	国务院	《中国 21 世纪议程》
1995	全国人大常委会	《大气污染防治法》（1995 年修订）
	全国人大常委会	《固体废物污染环境防治法》
1996	全国人大常委会	《水污染防治法》（1996 年修订）
	国务院	《国务院关于环境保护若干问题的决定》
	全国人大	《中华人民共和国国民经济和社会发展“九五”计划和2010年远景目标纲要》
1997	环境保护总局	《关于推行清洁生产的若干意见》
1998	国务院	《建设项目环境保护管理条例》
1999	国家经贸委	《关于实施清洁生产示范试点计划的通知》
2001	全国人大	《中华人民共和国国民经济和社会发展第十个五年计划纲要》
2002	全国人大常委会	《中华人民共和国清洁生产促进法》
2003	环境保护总局	《关于贯彻落实〈清洁生产促进法〉的若干意见》
	国务院	《国务院办公厅转发发展改革委等部门关于加快推行清洁生产意见的通知》
2004	国家发展改革委、环境保护总局	《清洁生产审核暂行办法》

续表

年份	政府部门	法律法规、规定和管理办法
2004	财政部	《中央补助地方清洁生产专项资金使用管理办法》
2005	环境保护总局	《重点企业清洁生产审核程序的规定》
2006	全国人大	《中华人民共和国国民经济和社会发展第十一个五年规划纲要》
2008	环境保护部	《关于进一步加强重点企业清洁生产审核工作的通知》
	环境保护部	《重点企业清洁生产审核评估、验收实施指南（试行）》
2009	工业和信息化部	《关于加强工业和通信业清洁生产促进工作的通知》
	财政部、工业和信息化部	《中央财政清洁生产专项资金管理暂行办法》
	国务院	《国务院批转发展改革委等部门关于抑制部分行业产能过剩和重复建设引导产业健康发展若干意见的通知》
	国务院	《国务院办公厅转发环保部等部门关于加强重金属污染防治工作指导意见的通知》
2009	工业和信息化部	《关于太湖流域加快推行清洁生产的指导意见》
	国务院	《关于落实抑制部分行业产能过剩和重复建设有关重点工作部门分工的通知》
2010	环境保护部	《关于深入推进重点企业清洁生产的通知》
	环境保护部	《重点企业清洁生产行业分类管理名录》
2011	国务院	《国家环境保护"十二五"规划》
	全国人大	《中华人民共和国国民经济和社会发展第十二个五年规划纲要》
2012	工业和信息化部、科技部、财政部	《工业清洁生产推行"十二五"规划》
	全国人大常委会	《清洁生产促进法修正案（草案）》
2013	国务院	《国务院关于印发大气污染防治行动计划的通知》

续表

年份	政府部门	法律法规、规定和管理办法	年份	政府部门	法律法规、规定和管理办法
2014	工业和信息化部	《大气污染防治重点工业行业清洁生产技术推行方案》	2016	国家发展改革委 环境保护部	《清洁生产审核办法》
		《京津冀及周边地区重点工业企业清洁生产水平提升计划》		环境保护部	《推进绿色制造工程工作方案》
2015	工业和信息化部	《工业清洁生产审核规范》	2018	生态环境部、国家发展改革委	《清洁生产审核评估与验收指南》
		《工业清洁生产实施效果评估规范》	2020	生态环境部、国家发展改革委	《关于深入推进重点行业清洁生产审核工作的通知》

1.3.2 标准与评价指标

清洁生产标准与评价指标体系是企业开展清洁生产工作、进行清洁生产审核的重要依据，也是判别企业清洁生产水平、评价清洁生产审核效果的重要依据。自 2002 年以来，环境保护部陆续发布了 58 项清洁生产行业标准，并将新、改、扩建项目是否符合国家产业政策和清洁生产标准作为环评审查的内容；国家发展改革委分 7 批先后发布了 45 项工业行业清洁生产评价指标体系，涉及钢铁、电镀、印染等多个重点行业；工业和信息化部于 2010 年出台了纯碱等行业的准入管理政策，清洁生产评价指标体系成为行业准入门槛和政府采购条件。可以说，三个部委都在积极地推动清洁生产技术支撑体系建设，但从具体内容上看，标准和评价指标体系的目标和内容有很多相似之处，只是侧重点有所不同，这种情况下既增加成本又不利于清洁生产工作的深入开展。2012 年的新《清洁生产促进法》提出“建立统一、规范的清洁生产技术支撑体系”。国家发展改革委组织环保部、工业和信息化部等部门共同建立了清洁生产评价指标体系，2014 年 4 月，《钢铁行业清洁生产评价指标体系》《水泥行业清洁生产评价指标体系》发布实施，包括电镀、化工等行业在内的多项评价指标体系也已经完成修编即将发布。

1.3.3 审核规范

为深入开展清洁生产审核工作，环保部分别于2005年、2008年提出了两批《需重点审核的有毒有害物质名录》，又于2010年提出了《重点企业清洁生产行业分类管理名录》，作为公布强制性清洁生产审核企业名单的参考，督促"双超""双有"企业积极开展清洁生产审核；此外，环保部还组织编写了钢铁、化工、水泥等10余个行业清洁生产审核指南，强化了清洁生产审核实施的可操作性。

1.4 清洁生产技术

1.4.1 清洁生产技术的定义

结合清洁生产的定义，本书认为清洁生产技术，是指通过原材料和能源的调整替代、工艺技术的改进、设备装备的改进、过程控制的改进、废弃物的回收利用、产品的调整变更等措施，达到污染物的源头削减、过程控制，提高资源利用效率，减少或者避免生产和产品使用过程中污染物的产生和排放，以减轻或者消除对人类健康和环境危害的技术。其主要特征包含以下几点：

①源头削减。用无污染、少污染的能源和原材料替代毒性大、污染重的能源和原材料。

②过程减量。用消耗少、效率高、无污染、少污染的工艺和设备替代消耗高、效率低、产污量大、污染重的工艺和设备。

③末端循环。对必须排放的污染物，采用低费用、高效能的净化处理设备和"三废"综合利用的措施进行最终的处理和处置。

④显著的环境和经济效益。自20世纪90年代初，从发达国家引进清洁生产概念以来，我国清洁生产取得了显著成果。目前已在技术研发、企业示范、人员

培训、机构建设、法制建设和国际合作等方面取得了很大进展。我国已发布三批《国家重点行业清洁生产技术导向目录》，涉及钢铁、有色金属、煤炭、石油、电力、化工、建材、机械、轻工和纺织共 10 个行业，141 项清洁生产技术。

1.4.2 清洁生产技术目录

为了促进清洁生产技术产业化应用和推广，降低工业行业污染物排放强度，1999—2002 年，国家经贸委、国家环保总局联合颁布了三批《淘汰落后生产能力、工艺和产品的目录》，对浪费资源、严重污染环境的生产技术、工艺、设备和产品实行限期淘汰制度；2000—2006 年，国家发展改革委和国家环保总局联合颁布了三批《国家重点行业清洁生产技术导向目录》，共 141 项清洁生产技术，为企业采用先进技术、工艺和设备实施清洁生产技术改造提供了指导；工业和信息化部自 2009 年以来，先后颁布了五批 34 个行业清洁生产技术推行方案，利用中央财政清洁生产专项资金，支持 300 余项清洁生产技术项目示范与推广，并公布了清洁生产示范企业名单 43 家，树立行业标杆，引导行业提高清洁生产水平。

表 1-2 是按本书定义的清洁生产技术的特征对已发布的清洁生产技术进行分类的结果。

表 1-2　已发布的清洁生产技术分类情况　　单位：项

行业	源头削减技术	过程减量技术	末端循环技术	一般性工艺技术
钢铁	4	4	12	12
有色金属	1	7	7	0
石油化工	0	2	12	2
化工	0	0	6	4
轻工、纺织	0	3	17	11
建材	2	9	6	2
机械及其他	6	3	2	7
合计	13	28	62	38

一般性工艺技术，是指不完全符合本书定义的清洁生产技术特征的、单纯提高工艺和生产效率的普通意义的技术。从已发布的技术清单来看，符合源头削减的技术有 13 项，符合过程减量的技术有 28 项，符合末端循环的技术有 62 项，一般性工艺技术的有 38 项。

2

“十三五”清洁生产推进政策及指引性文件

Policies and guiding documents for cleaner production promotion during the “13th Five-Year Plan” period

2.1 国家层面出台的清洁生产推进政策及文件

"十三五"期间，中共中央、国务院、生态环境部、国家发展和改革委员会、工业和信息化部等部门大力推行清洁生产，积极推进绿色发展，共出台相关政策文件20余项，整合修编及制定了36个行业清洁生产评价指标体系（表2-1），指导和推动企业依法实施清洁生产，从源头、过程以及末端治理入手，精准治污、科学治污、依法治污，开展生产全过程环境整治提升，在很大程度上促进了清洁生产的发展和壮大。

表2-1 国家层面出台的清洁生产推进政策及文件汇总

序号	发布部门	政策文件	清洁生产相关主要内容
1	中共中央办公厅、国务院办公厅	关于构建现代环境治理体系的指导意见（2020年）	推进生产服务绿色化，积极践行绿色生产方式，大力开展技术创新，加大清洁生产推行力度。健全环境治理市场体系，创新环境治理模式

续表

序号	发布部门	政策文件	清洁生产相关主要内容
2	生态环境部、国家发展改革委	关于深入推进重点行业清洁生产审核工作的通知 （环办科财〔2020〕27 号）	结合国家和地方节能要求和环境质量改善需求，以能源、冶金、焦化、建材、有色、化工、印染、造纸、原料药、电镀、农副食品加工、工业涂装、包装印刷等行业作为当前实施清洁生产审核的重点（各地也可根据当地行业实际情况适当补充），全面落实强制性清洁生产审核要求，制定本地区清洁生产审核实施方案（2021—2023 年），并组织抓好落实。要把清洁生产审核方案主要内容纳入本地区节能降耗、污染防治等行动计划中，加大对清洁生产审核工作情况的日常监督和检查力度，开展清洁生产水平和绩效整体评估
3	中国共产党第十九届中央委员会第五次全体会议	中共中央关于制定国民经济和社会发展第十四个五年规划和二〇三五年远景目标的建议 （2020 年 10 月）	强化绿色发展的法律和政策保障，发展绿色金融，支持绿色技术创新，推进清洁生产，发展环保产业，推进重点行业和重要领域绿色化改造
4	生态环境部、国家发展改革委等部门	关于印发《长三角地区 2020—2021 年秋冬季大气污染综合治理攻坚行动方案》的通知 （环大气〔2020〕62 号）	进一步加大石化、化工、制药、农药、汽车制造、船舶制造与维修、家具制造、包装印刷等行业废气综合治理力度，推动重点行业“一行一策”，加大清洁生产改造力度。推进区域实行统一的大气污染物排放标准、清洁生产标准、绿色产品标准和环境执法规范
5	生态环境部办公厅、农业农村部办公厅、国务院扶贫办综合司	关于以生态振兴巩固脱贫攻坚成果　进一步推进乡村振兴的指导意见（2020—2022 年） （环办科财〔2020〕13 号）	支持农产品加工园区循环化改造，推进清洁生产和节能减排

续表

序号	发布部门	政策文件	清洁生产相关主要内容
6	生态环境部	关于提升危险废物环境监管能力、利用处置能力和环境风险防范能力的指导意见 （环固体〔2019〕92号）	企业应采取清洁生产等措施，从源头减少危险废物的产生量和危害性，优先实行企业内部资源化利用危险废物
7		关于印发《重点行业挥发性有机物综合治理方案》的通知 （环大气〔2019〕53号）	鼓励地方对重点行业推行强制性清洁生产审核
8		关于进一步深化生态环境监管服务推动经济高质量发展的意见 （环综合〔2019〕74号）	对升级改造类企业，树立行业标杆，实施清洁生产技术改造，全面提升污染治理水平；已完成整治任务但手续不全的企业，依法支持按照相关要求办理手续
9	国务院办公厅	关于印发《"无废城市"建设试点工作方案》的通知 （国办发〔2018〕128号）	以有色金属冶炼、石油开采、石油加工、化工、焦化、电镀等行业为重点，实施强制性清洁生产审核
10	生态环境部办公厅等九部门	关于印发《废铅蓄电池污染防治行动方案》的通知 （环办固体〔2019〕3号）	大力推行清洁生产。对列入铅蓄电池生产、原生铅和再生铅企业清单的企业，依法实施强制性清洁生产审核，两次清洁生产审核的间隔时间不得超过五年
11	生态环境部、中华全国工商业联合会	关于支持服务民营企业绿色发展的意见 （环综合〔2019〕6号）	加强清洁生产审核机制，支持民营企业建设绿色供应链
12	工业和信息化部、生态环境部等部门	关于印发《推动原料药产业绿色发展的指导意见》的通知 （工信部联消费〔2019〕278号）	通过推动实施差别化错峰生产等方式，支持原料药集中清洁生产和产业集聚发展
13	工业和信息化部办公厅、国家开发银行办公厅	关于加快推进工业节能与绿色发展的通知 （工信厅联节〔2019〕16号）	推动焦化、建材、有色金属、化工、印染等重点行业企业实施清洁生产改造，在钢铁等行业实施超低排放改造，从源头削减废气、废水及固体废物产生

续表

序号	发布部门	政策文件	清洁生产相关主要内容
14	中共中央、国务院	乡村振兴战略规划（2018—2022 年）	推进农业清洁生产。深入实施秸秆禁烧制度和综合利用，开展整县推进畜禽粪污资源化利用试点。推进废旧地膜和包装废弃物等回收处理
15	生态环境部	关于生态环境领域进一步深化“放管服”改革，推动经济高质量发展的指导意见（环规财〔2018〕86 号）	强化清洁生产审核机制，推行绿色供应链建设
16	中共中央、国务院	关于全面加强生态环境保护　坚决打好污染防治攻坚战的意见（2018 年）	大力发展节能环保产业、清洁生产产业、清洁能源产业，加强科技创新引领。鼓励新业态发展和模式创新。在能源、冶金、建材、有色、化工、电镀、造纸、印染、农副食品加工等行业，全面推进清洁生产改造或清洁化改造
17	生态环境部办公厅、国家发展改革委办公厅	关于印发《清洁生产审核评估与验收指南》的通知（环办科技〔2018〕5 号）	明确了清洁生产审核评估和验收的程序，明确了各级主管部门开展评估与验收工作职责。为地方管理部门和企业开展清洁生产审核评估与验收提供了技术指导
18	国务院	关于印发《打赢蓝天保卫战三年行动计划》的通知（国发〔2018〕22 号）	列入升级改造类的，树立行业标杆，实施清洁生产技术改造，全面提升污染治理水平。大力推进企业清洁生产。壮大绿色产业规模，发展节能环保产业、清洁生产产业、清洁能源产业
19	工业和信息化部	关于印发《坚决打好工业和通信业污染防治攻坚战三年行动计划》的通知（工信部节〔2018〕136 号）	发展壮大节能环保、清洁生产和清洁能源产业。推进环保装备制造业规范发展，加大先进环保装备推广应用力度，提升环保装备技术水平，为污染治理提供装备保障。在冶金、建材、有色、化工、电镀、造纸、印染、农副食品加工等行业，以自愿性清洁生产审核为抓手，推进清洁生产技术改造

续表

序号	发布部门	政策文件	清洁生产相关主要内容
20	全国代表大会	中国共产党第十九次全国代表大会报告（2017年10月）	推进绿色发展。加快建立绿色生产和消费的法律制度和政策导向，建立健全绿色低碳循环发展的经济体系。构建市场导向的绿色技术创新体系，发展绿色金融，壮大节能环保产业、清洁生产产业、清洁能源产业。推进能源生产和消费革命，构建清洁低碳、安全高效的能源体系
21	工业和信息化部	国家涉重金属重点行业清洁生产先进适用技术推荐目录（工业和信息化部公告2017年第45号）	为贯彻落实《中国制造2025》和《土壤污染防治行动计划》，鼓励采用先进适用的清洁生产技术，从源头削减控制重金属的产生，减少重金属对环境造成的污染，工业和信息化部组织编制了该目录，共涉及铬盐、聚氯乙烯等行业共24项技术
22	工业和信息化部、发展改革委等部门	关于加强长江经济带工业绿色发展的指导意见（工信部联节〔2017〕178号）	大力推进清洁生产。按照《清洁生产促进法》，引导和支持沿江工业企业依法开展清洁生产审核，鼓励探索重点行业企业快速审核和工业园区、集聚区整体审核等新模式，全面提升沿江重点行业和园区清洁生产水平
23	工业和信息化部	关于推进黄金行业转型升级的指导意见（工信部原〔2017〕10号）	坚持绿色发展，全面建设绿色矿山，推行清洁生产，提高资源能源利用效率
24	工业和信息化部、商务部、科技部	关于加快推进再生资源产业发展的指导意见（工信部联节〔2016〕440号）	引导企业进入园区，推进清洁生产，实现集中生产、废水集中处理，防止二次污染
25	工业和信息化部、环境保护部	关于印发《水污染防治重点行业清洁生产技术推行方案》的通知（工信部联节〔2016〕275号）	该方案从加快实施清洁生产技术改造、做好技术支持和信息咨询服务、加强政策引导支持力度3个方面提出了要求。可推进造纸、印染等11个重点行业实施清洁生产技术改造，降低工业新增水用量，提高水重复利用率，减少水污染物产生，严格控制并削减行业水污染物排放总量，推动全面达标排放，促进水环境质量持续改善

续表

序号	发布部门	政策文件	清洁生产相关主要内容
26	工业和信息化部	关于印发《绿色制造 2016 专项行动实施方案》的通知（工信部节〔2016〕113 号）	进一步提升部分行业清洁生产水平。围绕制造业清洁生产水平提升，发布《水污染防治重点行业清洁生产技术推行方案》，实施重点流域部分行业水污染防治清洁化改造
27	工业和信息化部	关于印发《工业绿色发展规划（2016—2020 年）》的通知（工信部规〔2016〕225 号）	清洁生产水平大幅提升。先进适用清洁生产技术工艺及装备基本普及，钢铁、水泥、造纸等重点行业清洁生产水平显著提高，工业二氧化硫、氮氧化物、化学需氧量和氨氮排放量明显下降，高风险污染物排放大幅削减。扎实推进清洁生产，大幅减少污染排放。推进清洁生产技术改造
28	国务院	关于印发《“十三五”节能减排综合工作方案》的通知（国发〔2016〕74 号）	实施重点区域、重点流域清洁生产水平提升行动。大力推广节约型农业技术，推进农业清洁生产
29	国务院	关于印发《“十三五”生态环境保护规划》的通知（国发〔2016〕65 号）	健全钢铁、水泥、化工等重点行业清洁生产评价指标体系。推进种植业清洁生产，开展农膜回收利用
30	国家发展改革委、环境保护部第 38 号令	清洁生产审核办法（2016 年）	对应当实施强制性清洁生产审核的 3 种情形进行了细化说明，进一步理顺了清洁生产审核管理机制，指出国家发展和改革委员会会同环境保护部负责全国清洁生产审核的组织、协调、指导和监督工作。县级以上地方人民政府确定的清洁生产综合协调部门会同环境保护主管部门、管理节能工作的部门和其他有关部门，根据本地区实际情况，组织开展清洁生产审核。明确了清洁生产审核的实施程序、清洁生产审核的组织和管理，明确了奖励和惩罚情形

续表

序号	发布部门	政策文件	清洁生产相关主要内容
31	国家发展改革委、环境保护部、工业和信息化部　2016年第21号公告	涂装行业清洁生产评价指标体系	为贯彻落实《清洁生产促进法》（2012年），进一步形成统一、系统、规范的清洁生产技术支撑文件体系，指导和推动企业依法实施清洁生产，"十三五"期间，四部委整合修编及制定了36项清洁生产评价指标体系
32		电解锰行业清洁生产评价指标体系	
33		黄金行业清洁生产评价指标体系	
34		光伏电池行业清洁生产评价指标体系	
35		合成革行业清洁生产评价指标体系	
36	国家发展改革委、环境保护部、工业和信息化部2017年第7号公告	1,4-丁二醇行业清洁生产评价指标体系	
37		有机硅行业清洁生产评价指标体系	
38		环氧树脂行业清洁生产评价指标体系	
39		活性染料行业清洁生产评价指标体系	
40		制革行业清洁生产评价指标体系	
41	国家发展改革委、生态环境部、工业和信息化部2018年第17号公告	电子器件（半导体芯片）制造业清洁生产评价指标体系	
42		印刷业清洁生产评价指标体系	
43		再生纤维素纤维制造业（粘胶法）清洁生产评价指标体系	
44		合成纤维制造业（维纶）清洁生产评价指标体系	

续表

序号	发布部门	政策文件	清洁生产相关主要内容
45	国家发展改革委、生态环境部、工业和信息化部2018年第17号公告	合成纤维制造业（氨纶）清洁生产评价指标体系	为贯彻落实《清洁生产促进法》（2012年），进一步形成统一、系统、规范的清洁生产技术支撑文件体系，指导和推动企业依法实施清洁生产，"十三五"期间，四部委整合修编及制定了36项清洁生产评价指标体系
46		合成纤维制造业（锦纶6）清洁生产评价指标体系	
47		合成纤维制造业（聚酯涤纶）清洁生产评价指标体系	
48		合成纤维制造业（再生涤纶）清洁生产评价指标体系	
49		再生铜行业清洁生产评价指标体系	
50		钢铁行业（烧结、球团）清洁生产评价指标体系	
51		钢铁行业（高炉炼铁）清洁生产评价指标体系	
52		钢铁行业（炼钢）清洁生产评价指标体系	
53		钢铁行业（钢压延加工）清洁生产评价指标体系	
54		钢铁行业（铁合金）清洁生产评价指标体系	
55	国家发展改革委、生态环境部、商务部2018年第15号公告	洗染业清洁生产评价指标体系	
56	国家发展改革委、生态环境部、工业和信息化部2019年第8号公告	污水处理及其再生利用行业清洁生产评价指标体系	
57		肥料制造业（磷肥）清洁生产评价指标体系	

续表

序号	发布部门	政策文件	清洁生产相关主要内容
58	国家发展改革委、生态环境部、工业和信息化部2019年第8号公告	锌冶炼业清洁生产评价指标体系	为贯彻落实《清洁生产促进法》（2012年），进一步形成统一、系统、规范的清洁生产技术支撑文件体系，指导和推动企业依法实施清洁生产，"十三五"期间，四部委整合修编及制定了36项清洁生产评价指标体系
59		煤炭采选业清洁生产评价指标体系	
60		硫酸锌行业清洁生产评价指标体系	
61	国家发展改革委、生态环境部、工业和信息化部发改环资规〔2020〕1983号	化学原料药制造业清洁生产评价指标体系	
62		硫酸行业清洁生产评价指标体系	
63		再生橡胶行业清洁生产评价指标体系	
64		锗行业清洁生产评价指标体系	
65		住宿餐饮业清洁生产评价指标体系	
66		淡水养殖业（池塘）清洁生产评价指标体系	

2.2 各省（区、市）和新疆生产建设兵团出台的清洁生产推进政策及文件

"十三五"期间，我国31个省（区、市）和新疆生产建设兵团共发布清洁生产综合管理类政策文件300余项，内容主要包括各地清洁生产重点工作部署、强制性清洁生产审核评估验收、清洁生产审核专家库、清洁生产技术支撑等，详见表2-2。

表 2-2 “十三五”期间我国各省（区、市）和新疆生产建设兵团清洁生产综合管理类文件出台情况

省（区、市）	年份	清洁生产综合管理类文件
北京	2017	关于印发 2017 年清洁生产审核名单的通知（京发改〔2017〕296 号）
	2018	关于印发 2018 年实施清洁生产审核单位名单的通知（京发改〔2018〕506 号）
	2019	关于印发北京市 2019 年清洁生产促进工作要点的通知（京发改〔2019〕377 号） 关于印发 2019 年实施清洁生产审核单位名单的通知（京发改〔2019〕561 号）
	2020	关于印发北京市 2020 年清洁生产促进工作要点的通知（京发改〔2020〕336 号） 关于督促开展清洁生产中高费项目绩效验收的通知（京发改〔2020〕1461 号）
天津	2016	关于进一步落实清洁生产强制审核和验收工作的通知（市工业和信息化委） 关于 2016 年清洁生产有关工作的通知（市工业和信息化委　市环保局） 关于组织推荐清洁生产审核机构的通知（市工业和信息化委） 关于拨付清洁生产审核补助资金（第二批）的通知（市财政局　市工业和信息化委　市环保局）
	2017	关于做好 2017 年清洁生产有关工作的通知（津工信节能〔2017〕47 号）
	2018	关于美丽天津一号工程 200 家重点企业清洁生产审核评估验收情况的通报（津工信节能〔2018〕9 号） 关于 2017 年度清洁生产审核评估验收情况的通报（津工信节能〔2018〕10 号） 关于做好 2018 年清洁生产有关工作的通知（津工信节能〔2018〕11 号）
	2020	关于开展清洁生产审核工作的通知（津工信节能〔2020〕3 号）
河北	2016	关于公布河北省 2016 年度重点行业实施强制性清洁生产审核工作验收企业名单的通知 关于通报 2015 年度河北省重点企业清洁生产审核咨询服务机构绩效情况及 2016 年度新增及更名机构的通知 关于公布河北省 2016 年度第一批重点行业清洁生产审核验收企业名单的通知
	2017	关于改进强制性清洁生产审核管理工作的通知（冀环办字函〔2018〕214 号）
	2018	关于征求《清洁生产审核评估和验收技术导则（征求意见稿）》意见的函 关于改进强制性清洁生产审核管理工作的通知（冀环办字函〔2018〕214 号）
	2019	关于通报河北省 2018 年度强制性清洁生产审核评估与验收结果的通知（冀环科技函〔2019〕544 号） 关于公布河北省 2019 年度开展强制性清洁生产审核企业名单的通知（冀环科技函〔2019〕156 号）

续表

省（区、市）	年份	清洁生产综合管理类文件
河北	2020	关于印发《2020 年白洋淀流域酿造、制药、印染、纺织、制革、造纸行业涉水企业清洁生产实施方案》的通知（冀环办字函〔2020〕202 号） 关于进一步做好白洋淀流域六个行业涉水企业清洁生产审核工作的通知（冀环办字函〔2020〕533 号） 关于白洋淀六个行业涉水企业清洁生产审核工作纳入企业排污许可证管理事项的通知（冀环办字函〔2020〕969 号） 《关于深入推进重点行业清洁生产审核工作的通知》的通知（冀环科教函〔2020〕1092 号）
山西	2018	关于加快推进水污染防治重点行业清洁化改造工作的通知（并环发〔2018〕106 号） 关于下达 2018 年度实施清洁生产审核企业名单的通知（朔环发〔2018〕165 号） 关于 2018 年度强制清洁生产审核工作要求的通知（介环发〔2018〕10 号） 关于公布实施强制性清洁生产审核危险废物产生单位名单的函（和环函〔2018〕31 号，阳泉市环境保护局） 关于下达阳泉市 2018 年度应实施清洁生产审核企业名单的通知（阳环发〔2018〕38 号） 关于公布 2018 年清洁生产审核企业名单的通知（晋市环发〔2018〕184 号） 关于下达 2018 年清洁生产审核企业名单的通知（阳环发〔2018〕77 号） 关于下达全市 2018 年度应实施清洁生产审核企业名单的通知（临环函〔2018〕189 号） 关于下达运城市 2018 年度清洁生产审核重点企业名单的通知（运环发〔2018〕34 号） 祁县环境保护局关于公布 2018 年度清洁生产强制审核企业名单的通知 吕梁市环境保护局办公室关于对重点工业企业进行清洁生产审核的通知
	2019	关于在全省开展强制性清洁生产审核调查工作的通知（晋环科财〔2019〕160 号） 关于开展危险废物强制性清洁生产的通知（平环函〔2019〕72 号） 关于公布 2019 年度涉危行业清洁生产强制审核企业名单的通知（昔环发〔2019〕1 号） 关于公布 2019 年度涉危行业清洁生产强制审核企业名单的通知（昔环发〔2019〕3 号） 关于公布 2019 年度涉危行业清洁生产强制审核企业名单的通知（县环发〔2019〕9 号） 关于开展 2019 年度清洁生产审核工作的通知（临环大气函〔2019〕212 号）

续表

省（区、市）	年份	清洁生产综合管理类文件
山西	2019	开展强制性清洁生产审核调查工作的通知（晋市环函〔2019〕393号） 关于开展2019年度清洁生产审核工作的通知（长环生态发〔2019〕4号） 关于下达阳泉市2019年度实施清洁生产审核企业名单的通知（阳环函〔2019〕50号） 关于下达2019年开展清洁生产审核企业名单的通知（运环发〔2019〕69号）
	2020	关于开展2020年强制性清洁生产审核工作的通知（晋市环发〔2020〕195号） 关于限期完成强制性清洁生产审核工作的通知（晋市环发〔2020〕258号） 关于公布2020年度开展清洁生产强制审核企业名单的通知（太环函〔2020〕139号） 关于2020年度重点企业清洁生产审核工作要求的通知（介环发〔2020〕1号） 关于开展2020年强制性清洁生产审核的通知（榆环发〔2020〕14号） 关于2020—2022年全县开展强制性清洁生产审核重点企业名单公示的通知（榆环发〔2020〕23号） 关于公布2020年清洁生产强制审核企业名单的通知（县环发〔2020〕14号） 关于下达全市2020年度第一批清洁生产审核企业名单的通知（临环大气函〔2020〕70号） 关于开展2020年度清洁生产审核工作的通知（长环生态发〔2020〕3号） 关于下达2020年度开展清洁生产审核企业名单的通知（运环发〔2020〕60号）
内蒙古	2017	关于全区强制性清洁生产审核情况的通报（内环办〔2018〕112号）
	2018	关于全区强制性清洁生产审核情况的通报（内环办〔2018〕410号） 关于2018年下半年全区强制性清洁生产审核结果的通报（内环办〔2019〕70号）
	2020	关于印发《内蒙古自治区清洁生产审核实施细则》的通知（内发改环资字〔2020〕1073号） 关于重新建立自治区本级清洁生产审核评估与验收专家库的公告（内发改公告〔2020〕1号） 关于入选内蒙古自治区本级清洁生产审核评估与验收专家库专家名单的公告（内发改公告〔2020〕2号） 关于公布2020年实施强制性清洁生产审核企业名单的通知（内发改环资字〔2020〕521号） 进一步加强2020年度强制性清洁生产审核企业推进的通知（呼环通〔2020〕140号）

续表

省（区、市）	年份	清洁生产综合管理类文件
内蒙古	2020	关于呼和浩特市自愿性清洁生产审核情况的通报（呼工信字〔2020〕123号） 关于公布包头市2020年度实施强制性清洁生产审核企业名单的通知（包发改环资字〔2020〕246号） 关于印发《清洁生产审核实施方案》的通知（乌环发〔2020〕435号） 关于公布锡林郭勒盟2020年度实施强制性清洁生产审核企业名单的通知(锡署环字〔2020〕115号）
辽宁	2016	辽宁省环境保护厅通告（2016年第6号） 关于每季度报送重点企业清洁生产审核评估工作情况的通知 关于公布大连市2016年实施强制性清洁生产审核企业名单的通知
	2017	辽宁省环境保护厅通告（2017年第7号） 关于2018年度重点企业强制性清洁生产审核工作的通知（沈环保〔2017〕565号）
	2018	关于印发《大连市环保局2018年度重点企业清洁生产审核工作计划》的通知
	2019	开展辽宁省2019年度第一批强制性清洁生产审核工作的通知（辽环函〔2019〕177号） 2019年重点企业强制性清洁生产审核工作计划（大环发〔2019〕184号）
	2020	关于印发2020年度第一批强制性清洁生产审核企业名单的通知（辽环综函〔2020〕132号） 关于推进重点行业清洁生产审核工作的通知（辽环函〔2020〕162号） 关于沈阳市开展差异化清洁生产审核工作请示的批复（辽环综函〔2020〕781号） 关于推进重点行业清洁生产审核工作的通知（丹环发〔2020〕120号） 关于做好2020年度第一批重点企业清洁生产审核工作的通知（锦环发〔2020〕112号） 关于推进重点行业清洁生产审核工作的通知（辽市环函〔2020〕53号） 关于做好重点行业清洁生产审核工作的通知（盘环发〔2021〕6号） 关于对2020年度第一批强制性清洁生产审核企业开展清洁生产审核工作的通知（葫环发〔2020〕83号）
吉林	2017	关于公布2017年全省清洁生产审核重点企业名单的通知（吉环科字〔2017〕6号） 关于召开2016年度清洁生产审核工作会议的通知（吉环科字〔2017〕18号）

续表

省（区、市）	年份	清洁生产综合管理类文件
吉林	2018	关于印发《吉林省环境保护厅清洁生产审核专家库管理办法（试行）》的通知（吉环科字〔2018〕12 号） 关于开展 2017 年度清洁生产审核咨询服务机构专项检查的通知（吉环科字〔2018〕1 号） 关于公布 2018 年全省清洁生产审核重点企业名单的通知（吉环科字〔2018〕5 号） 关于公布清洁生产审核专家库专家的通知（吉环科字〔2018〕15 号） 关于举办 2018 年度清洁生产审核培训班的通知（吉环科字〔2018〕16 号）
	2019	开展 2018 年度清洁生产审核咨询服务机构专项检查的通知（吉环科字〔2019〕1 号） 关于公布清洁生产审核专家库增补专家名单的通知（吉环科字〔2019〕3 号） 关于公布 2019 年全省清洁生产审核重点企业名单的通知（吉环科字〔2019〕4 号） 关于举办 2019 年度清洁生产审核培训班的通知（吉环科财字〔2019〕2 号）
	2020	关于确定 2020 年开展清洁生产审核重点企业的通知（吉环科财字〔2020〕3 号）
黑龙江	2017	关于公布 2017 年全省实施清洁生产审核重点企业名单的通知（黑环办发〔2017〕101 号）
	2018	关于报送 2018 重点排污企业清洁生产审核名单的通知 （黑环发〔2018〕60 号） 关于公布 2018 年全省实施清洁生产审核企业名单的通知（黑环发〔2018〕106 号） 关于报送 2018 年度佳木斯市重点排污企业清洁生产审核名单的报告（佳环呈〔2018〕48 号） 关于公布 2018 年实施强制性清洁生产审核企业名单的通知（佳环函〔2018〕85 号）
	2019	关于公布 2019 年全省实施清洁生产审核企业名单的通知（黑环发〔2019〕116 号） 关于报送清洁生产审核工作开展情况的通知（黑环办发〔2019〕50 号）
	2020	关于报送 2019 年清洁生产审核工作总结及 2020 年清洁生产审核企业名单的通知（黑环办发〔2020〕54 号）

续表

省（区、市）	年份	清洁生产综合管理类文件
上海	2017	关于印发《上海市重点企业清洁生产审核评估、验收流程及技术规范（试行）》的通知（沪经信节〔2017〕645 号） 关于印发《上海市鼓励企业实施清洁生产专项扶持办法》的通知（沪经信法〔2017〕219 号） 关于加快推进上海市大气考核企业清洁生产工作的通知（沪经信节〔2017〕640 号）
	2020	关于深入推进本市重点行业强制性清洁生产审核工作的通知（沪环科〔2020〕257 号）
江苏	2016	关于公布江苏省第十二批清洁生产审核重点企业名称的通知
	2017	关于公布江苏省第十三批清洁生产审核重点企业名单的通知（苏环办〔2017〕64 号）
	2018	关于公布江苏省第十四批清洁生产审核重点企业名单的通知（苏环办〔2018〕63 号）
	2019	关于公布省第十五批强制性清洁生产审核重点企业名单的通知（苏环办〔2019〕54 号）
	2020	关于公布省第十六批强制性清洁生产审核重点企业名单的通告（苏环办〔2020〕56 号）
浙江	2016	关于公布 2016 年度浙江省强制性清洁生产审核重点企业名单的通知 关于公布 2016 年度湖州市强制性清洁生产审核重点企业名单的通知 关于公布 2016 年度嘉兴市强制性清洁生产审核重点企业名单的通知 关于进一步加强强制性清洁生产审核管理工作的通知 关于公布 2016 年舟山市强制性清洁生产审核验收合格企业名单的通知
	2017	关于公布 2017 年度浙江省强制性清洁生产审核企业名单的通知（浙环发〔2017〕21 号） 关于进一步加强 2017 年度强制性清洁生产工作的通知（杭环函〔2017〕189 号） 湖州市经信委等三部门关于印发《湖州市预拌混凝土行业清洁生产行动计划》的通知（湖经信发〔2017〕15 号）

续表

省（区、市）	年份	清洁生产综合管理类文件
浙江	2018	关于公布2018年度浙江省强制性清洁生产审核重点企业名单的通知（浙环发〔2018〕12号） 关于印发2018年自愿开展清洁生产审核企业名单的通知（浙经信资源〔2018〕36号） 关于印发全市2018年强制性清洁生产审核工作方案的通知（杭环函〔2018〕165号） 2018年度强制性清洁生产审核重点企业名单的通知（甬环发〔2018〕24号） 关于进一步规范企业强制性清洁生产审核管理工作的通知（绍市环发〔2018〕21号） 关于开展2018年度舟山市强制性清洁生产审核工作的通知（舟环函〔2018〕30号） 关于下达2018年度企业清洁生产审核计划的通知（临经信能源〔2018〕27号） 关于下达2018年度清洁生产审核计划的通知（龙经信〔2018〕11号）
	2019	关于公布2018年浙江省强制性清洁生产审核验收合格企业名单（第一批）和2019年浙江省强制性清洁生产审核企业计划名单的通知（浙环函〔2019〕189号） 关于公布2018年度宁波市强制性清洁生产验收合格企业名单（第二批）和2019年度宁波市强制性清洁生产审核企业计划名单的通知（甬环发〔2019〕57号） 关于开展2019年度舟山市强制性清洁生产审核工作的通知（舟环函〔2019〕85号）
	2020	关于公布2019年浙江省强制性清洁生产审核验收合格企业名单和2020年浙江省强制性清洁生产审核企业计划名单的通知（浙环函〔2020〕112号） 关于下达2020年度企业清洁生产审核计划的通知（临经信综〔2020〕24号） 关于公布2020年度桐乡市强制性清洁生产审核重点企业名单的通知（嘉环桐〔2020〕34号） 关于下达2020年松阳县清洁生产审核企业计划名单的通知（松环保〔2020〕8号）
安徽	2016	关于公布安徽省2016年度清洁生产审核重点企业名单的通知 关于报送大气污染防治重点企业清洁生产技术改造情况的通知
	2017	关于公布安徽省2017年度强制性清洁生产审核重点企业名单的通知（皖环函〔2017〕445号）

续表

省（区、市）	年份	清洁生产综合管理类文件
安徽	2018	关于公布安徽省2018年度强制性清洁生产审核重点企业名单的通知（皖环函〔2018〕530号）
	2019	关于公布安徽省2019年度清洁生产审核重点企业名单的通知（皖环函〔2019〕742号）
	2020	关于公布安徽省2020年度清洁生产审核重点企业名单的通知（省生态环境厅）
福建	2016	关于公布2016年度第一批强制性清洁生产审核企业名单及调整企业名单的通知 关于公布2016年度第二批强制性清洁生产审核企业名单及调整企业名单的通知
	2017	关于公布2017年度强制性清洁生产审核企业名单及调整企业名单的通知(闽环保科〔2017〕94号）
	2018	关于印发《强制性清洁生产审核评估验收管理规定》和《强制性清洁生产审核评估验收管理规程》的通知（厦环控〔2018〕48号） 关于印发企业强制性清洁生产审核评估等公共服务事项服务指南的通知（厦环控〔2018〕11号） 关于督促加快2017年度强制性清洁生产审核企业开展清洁生产审核工作的通知（龙环气〔2018〕10号） 关于进一步规范清洁生产审核相关工作的通知（南环保防〔2018〕62号） 关于加快推进强制性清洁生产审核工作的通知（泉环防函〔2018〕22号） 关于做好我市清洁生产审核有关工作的通知（明环防〔2018〕15号） 关于加快推进2018年度清洁生产审核评估工作的通知（明环防〔2018〕24号） 关于持续做好我市强制性清洁生产审核工作的通知（榕环保综〔2018〕131号） 关于做好清洁生产审核有关工作的通知（榕环保综〔2018〕196号） 关于福州市2017年度强制性清洁生产审核工作情况的函（榕环保函〔2018〕303号） 关于报送2018年度强制性清洁生产审核工作计划的函（榕环保函〔2018〕558号） 关于持续做好我市强制性清洁生产审核工作的通知（融环保〔2018〕212号） 关于持续做好我县强制性清洁生产审核工作的通知（梅环〔2018〕44号） 关于要求企业完成清洁生产审核工作的通知（仓环保〔2018〕63号） 关于再次要求企业加快清洁生产审核工作的通知（仓环保〔2018〕141号） 关于加强我县强制性清洁生产审核工作的通知（连环保〔2018〕88号）

续表

省（区、市）	年份	清洁生产综合管理类文件
福建	2019	关于开展2019年度涉重企业强制性清洁生产审核的通知（莆环保〔2019〕81号） 关于印发企业强制性清洁生产审核评估等公共服务事项服务指南的通知（厦环控〔2019〕11号） 关于做好2019年度强制性清洁生产审核工作的通知（漳环保防〔2019〕9号） 关于做好2019年清洁生产审核工作的通知（泉环防函〔2019〕17号） 关于进一步做好强制性清洁生产审核评估验收工作的通知（泉环保〔2019〕175号） 关于开展强制性清洁生产审核工作的通知（将环〔2019〕36号）
	2020	关于做好清洁生产审核有关工作的通知（闽环保科财〔2020〕11号） 关于深入推进重点行业清洁生产审核工作的通知（闽环保科财〔2020〕27号） 关于印发《南平市生态环境局强制性清洁生产专家管理办法（试行）》的通知（南环保计财〔2020〕1号） 关于推进2020年强制性清洁生产审核验收工作的通知（龙环〔2020〕132号） 关于做好2020年清洁生产审核工作的通知（泉环保〔2020〕61号） 关于做好2020年强制性清洁生产审核工作的通知（明环科〔2020〕9号） 关于深入推进重点行业清洁生产审核工作的通知（漳环科财〔2020〕4号）
江西	2016	关于做好2016年度清洁生产工作的通知 关于抓紧推进南昌市重点企业及五大行业开展清洁生产审核工作的函 关于开展2016年度重点企业清洁生产审核工作的通知 关于加强重点企业清洁生产审核工作的通知 丰城市环境保护局《关于加快推进2016年度清洁生产审核工作的通知》
	2017	关于做好2017年度清洁生产工作的通知（赣环科字〔2017〕1号） 关于做好2017年度清洁生产工作计划的通知（宜环防字〔2017〕3号） 关于加强重点企业清洁生产审核工作的通知（九环防字〔2017〕9号）
	2018	关于做好2018年度清洁生产工作的通知（赣环科字〔2018〕3号） 关于公布江西省2018年度清洁生产审核重点企业名单的通知（赣环科字〔2018〕4号） 关于公布江西省2018年度清洁生产审核重点企业名单（第二批）的通知（赣环科字〔2018〕7号） 关于举办2018年清洁生产审核培训班的通知（赣环科字〔2018〕8号） 关于进一步加强重点企业清洁生产审核工作的通知（洪环科标〔2018〕28号）

续表

省（区、市）	年份	清洁生产综合管理类文件
江西	2018	关于做好 2018 年度强制性清洁生产审核工作的通知（九环防字〔2018〕12 号） 关于公布景德镇市 2018 年度强制性清洁生产审核重点企业名单的通知（景环字〔2018〕84 号） 关于报送 2018 年度重点企业清洁生产审核名单的通知（赣市环科字〔2018〕1 号） 关于做好 2018 年度清洁生产工作计划的通知（宜环土字〔2018〕13 号） 关于加快推进上饶市 2018 年度清洁生产审核工作的督办通知（饶环防字〔2018〕34 号） 关于加快推进 2018 年度清洁生产审核工作的通知（丰环发〔2018〕48 号）
	2019	关于做好 2019 年度清洁生产工作的通知（赣环科财〔2019〕3 号） 关于公布江西省 2019 年度清洁生产审核重点企业名单的通知（赣环科财〔2019〕7 号） 关于举办 2019 年度清洁生产审核培训班的通知（赣环科财〔2019〕8 号） 关于参加江西省 2019 年度清洁生产审核培训班的通知（洪环科标〔2019〕20 号） 关于做好 2019 年度清洁生产审核工作的通知（九环土字〔2019〕13 号） 关于深入推进重点企业清洁生产的通知（九环发〔2019〕6 号） 关于督促 2019 年度清洁生产审核重点企业开展清洁生产工作的通知（分环字〔2019〕25 号） 关于进一步加快推进 2019 年度清洁生产工作的通知（宜环科字〔2019〕2 号） 关于尽快启动清洁生产审核工作的通知（宜市环字〔2019〕309 号） 关于加快推进上饶市 2019 年度清洁生产审核工作的督办通知（饶环水字〔2019〕5 号）
	2020	关于调整清洁生产审核专家库的通知（赣环科财〔2020〕19 号） 关于深入推进重点行业清洁生产审核工作的通知（赣环科财〔2020〕23 号） 南昌市生态环境局关于做好 2020 年度清洁生产工作的通知（洪环科财〔2020〕7 号） 关于做好 2020 年度清洁生产审核工作的通知（九环综合字〔2020〕6 号） 关于要求督促相关企业尽快完成强制性清洁生产审核工作的通知（宜环科字〔2020〕4 号） 关于深入推进重点行业清洁生产审核工作的通知（宜环科字〔2020〕14 号）

续表

省（区、市）	年份	清洁生产综合管理类文件
山东	2016	关于做好2016年重点企业清洁生产审核工作的通知 关于下达2016年度全省实施清洁生产审核重点企业名单的通知 关于贯彻落实《清洁生产审核办法》做好强制性清洁生产审核工作的通知
	2017	山东省清洁生产审核实施细则（山东省经济和信息化委员会　山东省环境保护厅） 关于下达2017年度实施强制性清洁生产审核企业名单的通知（鲁环函〔2017〕239号） 关于下达烟台市2017年度实施强制性清洁生产审核企业名单的通知（鲁环函〔2017〕320号）
	2018	关于下达2018年度实施强制性清洁生产审核企业名单的通知（鲁环明传〔2018〕22号） 关于公布山东省清洁生产先进技术的通知（鲁工信循〔2018〕78号）
	2019	关于进一步推进清洁生产　加强污染源头防控的指导意见（鲁环发〔2019〕147号） 关于下达2019年度山东省实施强制性清洁生产审核企业名单的通知（鲁环函〔2019〕37号） 关于做好德州市2019年度清洁生产审核工作的通知（德环函〔2019〕5号） 济南市生态环境局关于进一步做好危险废物为原料进行生产或者在生产中排放危险废物的企业实施强制性清洁生产审核的通知 烟台市生态环境局关于做好2019年度强制性清洁生产审核工作的通知
	2020	关于深入推进重点行业清洁生产审核工作的通知（鲁环字〔2021〕15号） 关于下达2020年度山东省实施强制性清洁生产审核企业名单的通知（鲁环函〔2020〕152号） 关于开展清洁生产审核技术核查工作的通知
河南	2016	河南省环境保护厅关于公布2016年全省清洁生产审核重点企业名单的通知 河南省环境保护厅关于2015年度省定重点企业清洁生产审核工作情况的通报 关于做好2016年重点企业清洁生产审核工作的通知 河南省环境保护厅关于进一步加强大气污染防治重点企业清洁生产审核工作的通知

续表

省（区、市）	年份	清洁生产综合管理类文件
河南	2017	关于公布2017年全省第一批清洁生产审核重点企业名单的通知（豫环文〔2017〕68号） 关于开展建立全省清洁生产审核信息库工作的通知（豫环文〔2017〕89号） 关于公布2017年全省第二批清洁生产审核重点企业名单的通知（豫环办〔2017〕82号） 关于举办2017年第二批清洁生产重点企业内审员培训班的通知（豫环办〔2017〕84号） 关于公布优秀清洁生产审核项目评审交流结果的通知（豫环办〔2017〕105号）
	2018	关于公布2018年全省清洁生产审核重点企业名单的通知（豫环办〔2018〕49号） 关于开展清洁生产专项检查行动的通知（豫环明电〔2018〕182号） 关于清洁生产专项检查工作的补充通知（豫环明电〔2018〕192号） 关于进一步开展清洁生产专项检查行动的通知（豫环明电〔2018〕209号）
	2019	关于公布2019年河南省强制性清洁生产审核重点企业名单的通知（豫环文〔2019〕95号）
	2020	关于公布2020年度全省清洁生产审核重点企业名单的通知（豫环办〔2020〕24号）
湖北	2018	关于发布湖北省2018年度强制性清洁生产审核重点企业名单的通知（鄂环办〔2018〕36号）
	2019	关于发布湖北省2019年度强制性清洁生产审核重点企业名单的通知
	2020	关于举办全省水环境标准宣贯暨清洁生产审核培训班的通知（鄂环办函〔2020〕180号） 武汉市生态环境局关于推进2020年度重点企业清洁生产审核工作计划的通知 襄阳市关于拟召开重点企业强制性清洁生产审核工作督办会的通知 宜昌市生态环境局关于发布宜昌市2020年度强制性清洁生产审核重点企业名单的通知 黄石市生态环境局关于做好2020年重点行业清洁生产审核工作的通知 黄石市生态环境局关于深入推进重点行业清洁生产审核工作的函

续表

省（区、市）	年份	清洁生产综合管理类文件
湖南	2017	关于开展重点行业强制性清洁生产审核评估、验收工作有关意见的通知（湘环办函〔2017〕162号）
	2018	关于加强清洁生产审核工作的通知（湘环办函〔2018〕35号） 常德市环境保护局关于改进和加强强制性清洁生产审核工作的通知
	2019	关于公布湖南省2019年度重点企业清洁生产审核名单的通知（湘环函〔2019〕195号） 关于印发《大气污染防治（强制性清洁生产审核）专项审计整改方案》的通知（长环〔2019〕4号） 关于推进2019年度重点企业清洁生产审核工作的通知（长环办函〔2019〕90号）
	2020	关于公布湖南省2020年工业企业自愿性清洁生产审核计划的通知（湘工信节能〔2020〕252号） 关于公布湖南省2020年度重点企业清洁生产审核名单的通知（湘环函〔2020〕208号） 关于做好2020年清洁生产审核工作的通知（衡环办〔2020〕34号）
广西	2016	关于做好2016年重点企业清洁生产审核推进工作的通知
	2017	关于印发广西甘蔗制糖、电力（燃煤发电企业）行业清洁生产对标工作方案的通知（桂环函〔2017〕1525号） 关于清洁生产审核评估及验收指南（征求意见稿）的函（桂环函〔2017〕1146号）
	2018	关于进一步简化清洁生产审核程序的通知（桂工信节能〔2018〕370号） 关于筛选确定2018年度清洁生产审核企业名单的通知（桂发改环资〔2018〕1212号）
	2019	关于强化强制性清洁生产审核工作的通知（柳环发〔2019〕216号） 关于发布广西壮族自治区2019年第一批实施强制性清洁生产审核企业名单的通知（桂发改环资〔2019〕822号） 关于做好我市水泥行业清洁排放改造工作的通知（贵环大气〔2019〕1号）
	2020	关于发布2020年实施清洁生产审核企业名单的通知（桂发改环资〔2020〕894号） 关于征集广西清洁生产专家库专家的通知（桂发改环资〔2020〕1004号）
广东	2016	广东省全面推进绿色清洁生产工作意见的通知（粤经信节能〔2016〕235号）
	2017	关于印发清洁生产审核及验收工作流程的通知（粤经信规字〔2017〕3号） 关于做好清洁生产审核相关工作的通知（粤经信节能函〔2017〕133号）

续表

省（区、市）	年份	清洁生产综合管理类文件
广东	2018	关于做好 2018 年度清洁生产审核相关工作的通知（粤经信节能函〔2018〕22 号）
	2019	关于督促加快完成重点行业清洁化改造工作的通知（粤工信节能函〔2018〕1826 号） 关于请提供 2019 年清洁生产工作情况及实施清洁生产企业名单的通知（粤工信节能函〔2018〕1970 号）
	2020	关于做好 2020 年清洁生产审核工作的通知（粤工信节能函〔2020〕336 号） 关于推荐 2020 年省级清洁生产企业的通知（粤工信节能函〔2020〕966 号）
海南	2016	关于公布海南省 2016 年(第八批)实施清洁生产审核重点企业名单的通知（琼环科字〔2016〕5 号）
	2018	关于拨付 2018 年第一批清洁生产审核"以奖促治"项目补助资金的函（琼环函〔2018〕649 号）
	2019	关于拨付 2019 年清洁生产审核"以奖促治"项目补助资金的函（琼环函〔2019〕464 号）
	2020	关于公布 2020 年实施强制性清洁生产审核企业名单的通知（琼环财字〔2020〕4 号）
重庆	2016	关于下达 2016 年度第一批强制性清洁生产审核计划的通知 关于下达 2016 年度第二批强制性清洁生产审核计划的通知
	2017	关于下达 2017 年度强制性清洁生产审核计划的通知（渝环办〔2017〕75 号） 关于印发《重庆市强制性清洁生产审核计划（2018—2020 年）》的通知（渝环〔2017〕248 号）
	2019	关于下达 2019 年度强制性清洁生产审核计划的通知（渝环办〔2019〕80 号） 关于加快推进强制性清洁生产审核评估及验收工作的通知 关于召开 2019 年度重庆市强制性清洁生产审核培训会的通知 关于开展 2019 年度重庆市强制性清洁生产审核专项核查工作的通知
	2020	关于下达 2020 年度强制性清洁生产审核计划的通知（渝环办〔2020〕36 号） 关于加快推进强制性清洁生产审核评估及验收工作的通知
四川	2016	关于做好 2016 年清洁生产审核工作的通知 关于公布 2016 年度强制性清洁生产审核重点企业名单（第一批）的通知

续表

省（区、市）	年份	清洁生产综合管理类文件
四川	2017	关于印发《四川省清洁生产审核实施办法》的通知（川发改环资〔2017〕460号） 关于贯彻落实《清洁生产审核办法》做好强制性清洁生产审核工作的通知（川环函〔2017〕570号） 关于公布2017年度强制性清洁生产审核重点企业名单的通知（川环函〔2017〕915号）
	2018	关于公布2018年度强制性清洁生产审核重点企业名单的通知（川环办函〔2018〕121号）
	2019	关于公布2019年度强制性清洁生产审核重点企业名单的通知（川环办函〔2019〕197号） 关于组织2019年清洁生产审核技术培训的通知（川环办会〔2019〕58号） 关于启用四川省强制性清洁生产管理系统的通知
	2020	关于公布2020年度强制性清洁生产审核重点企业名单的通知（川环办函〔2020〕103号）
贵州	2016	关于对贵州省强制性清洁生产审核评估验收工作实施分级管理的通知（黔环通〔2016〕105号） 关于公布贵州省2016年第一批强制性清洁生产审核企业名单的通知（黔环通〔2016〕75号）
	2017	关于加强清洁生产审核咨询服务机构监督管理工作的通知（黔环通〔2017〕102号） 关于公布贵州省2017年强制性清洁生产审核企业名单的通知（黔环通〔2017〕208号）
	2018	关于加快推进2017年强制性清洁生产审核工作的通知（黔环通〔2018〕103号） 关于2017年部分强制性清洁生产审核企业限期整改有关事项的通知（黔环通〔2018〕166号） 关于2017年强制性清洁生产审核咨询服务机构有关情况的通报（黔环通〔2018〕174号） 关于公布2018年强制性清洁生产审核企业名单的通知（黔环通〔2018〕256号）
	2020	关于公布贵州省2020年强制性清洁生产审核企业名单的通知（黔环通〔2020〕76号） 关于举办2020年全省强制性清洁生产审核培训班的通知

续表

省（区、市）	年份	清洁生产综合管理类文件
云南	2017	关于强制性清洁生产审核管理有关工作的通知（云环通〔2017〕236 号） 关于开展云南省强制性清洁生产审核服务平台基础数据录入工作的通知（云环通〔2017〕186 号） 关于公布 2017 年度开展强制性清洁生产审核企业名单的通知（云环通〔2017〕229 号）
	2018	关于发布云南省清洁生产评价指标体系（2018 年第一批）的通知（云工信资源〔2018〕167 号）
	2019	关于公布 2019 年强制性清洁生产审核企业名单的通知（云环通〔2019〕154 号） 云南省生态环境厅关于举办 2019 年度重点污染物强制性清洁生产培训的通知 云南省生态环境厅关于报送 2019 年度强制性清洁生产审核企业名单的通知
	2020	关于深入推进重点行业清洁生产审核工作的通知（云环通〔2020〕164 号） 关于公布 2020 年度强制性清洁生产审核企业名单的通知（云环通〔2020〕170 号）
西藏	2020	关于加强强制性清洁生产审核工作的通知（藏环办〔2020〕44 号）
陕西	2016	陕西省环保厅关于公布 2016 年度第一批陕西省强制性清洁生产审核重点企业名单的通知
	2018	关于公布 2018 年清洁生产审核重点企业名单的通知（陕环科技函〔2018〕28 号）
	2019	关于报送 2019 年清洁生产审核重点企业名单的通知（陕环科财函〔2019〕5 号） 关于召开陕西省清洁生产审核工作研讨会暨省级强制性审核企业负责人培训会的通知（陕环科财函〔2019〕58 号）
	2020	关于按期完成 2007—2018 年省级强制性清洁生产审核的通知（陕环科财函〔2020〕26 号） 关于调度重点企业强制性清洁生产审核工作进展情况的通知（汉环函〔2020〕160 号）
甘肃	2016	关于报送 2016 年甘肃省清洁生产审核工作企业名单的通知 2016 年甘肃省重点行业企业实施清洁生产审核推行方案的通知 关于印发《甘肃省有色金属、化工、农副食品加工、制药等 12 类重点行业实施清洁生产审核推行方案》的通知 关于报送强制性清洁生产审核工作重点行业企业名单的通知

续表

省（区、市）	年份	清洁生产综合管理类文件
甘肃	2017	关于印发《2017年甘肃省重点行业企业实施清洁生产审核推行方案》（甘环科发〔2017〕7号） 关于公布清洁生产审核评估验收专家名单的通知（甘环科发〔2017〕10号） 关于加强12类涉水重点行业企业实施强制性清洁生产审核工作的通知（甘环科发〔2017〕21号） 关于进一步加强和规范重点企业清洁生产审核管理工作的通知（甘环科发〔2017〕22号） 关于召开2017年度重点企业清洁生产审核管理工作培训会的通知（甘环科发〔2017〕23号） 关于督促开展2014年至2016年重点行业企业实施清洁生产审核工作的通知（甘环科发〔2017〕29号）
	2018	关于进一步加强和规范重点企业清洁生产审核工作的通知（甘环科发〔2018〕10号） 关于做好2018年重点企业清洁生产审核评估验收的通知（甘环科发〔2018〕30号） 关于报送2018年甘肃省强制性清洁生产审核工作企业名单的通知（甘环科发〔2018〕4号）
	2019	关于进一步加快推进2019年重点行业清洁生产审核工作的通知（甘环气候发〔2019〕6号） 关于印发《2019年甘肃省重点行业清洁生产审核企业名单》的通知（甘环气候发〔2019〕4号）
	2020	关于深入推进重点行业清洁生产审核工作的通知（甘环气候发〔2020〕4号） 关于印发《甘肃省清洁生产审核报告指南》《甘肃省清洁生产审核验收报告指南》的通知（甘环气候发〔2020〕5号） 关于印发《2020年甘肃省重点行业清洁生产审核企业名单》的通知（甘环气候发〔2020〕2号）
宁夏	2016	关于委托开展清洁生产审核工作的通知（宁环发〔2016〕21号） 关于下放清洁生产审核工作权限的通知（宁环发〔2016〕56号） 关于公布2016年度开展强制性清洁生产审核重点企业名单的通知（宁环发〔2016〕40号）
	2017	关于公布2017年度开展强制性清洁生产审核重点企业名单的通知（宁环办函〔2017〕42号） 关于加快推进大气污染防治重点行业清洁化改造的通知（石环发〔2017〕145号） 关于开展2017年度强制性清洁生产审核工作的通知（吴环发〔2017〕82号）

续表

省（区、市）	年份	清洁生产综合管理类文件
宁夏	2018	关于公布2018年度开展强制性清洁生产审核重点企业名单的通知（宁环标准发〔2018〕35号） 关于下达2018年清洁生产审核计划的通知（银工信发〔2018〕187号）
	2019	关于公布2019年开展强制性清洁生产审核重点企业名单的通知（宁环办函〔2019〕89号） 关于下达2019年清洁生产审核企业计划的通知（银工信发〔2019〕80号）
	2020	关于公布2020年度开展强制性清洁生产审核重点企业名单的通知（宁环办发〔2020〕35号） 关于加快推进2019年度重点企业强制性清洁生产审核并报送2020年开展审核名单的通知（石环通字〔2020〕20号）
青海	2017	关于印发海东市大气污染防治重点行业清洁生产工作方案的通知（东环〔2017〕103号） 海西州环境保护局关于加快完成清洁生产审核工作的通知（西环字〔2017〕317号）
	2018	关于公布2018年度青海省强制性清洁生产审核企业名单的通知（青环发〔2018〕229号） 关于下达2018年重点工业企业开展清洁生产审核工作计划的通知（宁环发〔2018〕116号）
	2019	关于公布2019年度青海省强制性清洁生产审核企业名单的通知（青生发〔2019〕320号） 关于推进重点工业企业开展清洁生产审核工作的通知（宁生发〔2019〕237号） 关于推进重点工业企业开展清洁生产审核工作的通知（宁生发〔2019〕370号）
	2020	关于公布2020年度青海省强制性清洁生产审核企业名单的通知（青生发〔2020〕311号） 关于推进全市重点工业企业强制性清洁生产审核工作的通知（宁生发〔2020〕294号）
新疆	2016	关于公布2016年新增清洁生产审核咨询机构名单的通知
	2018	关于公布《自治区强制性清洁生产审核企业备选目录（第一批）》的通知
	2019	关于印发《乌鲁木齐市2019年重点行业企业清洁生产工作实施方案》的通知（乌环发〔2019〕3号） 关于做好2019年清洁生产审核工作的通知（克环保发〔2019〕9号） 关于做好高昌区相关企业开展2019年强制性清洁生产审核的通知（高区环〔2019〕3号） 关于印发《鄯善县2019年度清洁生产审核工作方案》的通知

续表

省（区、市）	年份	清洁生产综合管理类文件
新疆	2020	关于公布实施强制性清洁生产审核企业名单的公告（自治区生态环境厅 自治区发展改革委） 关于开展《自治区强制性清洁生产审核企业名单》清洁生产审核的工作提示（阿地环发〔2020〕22号） 关于做好2020年度哈密市强制性清洁生产审核工作的通知（哈市环办发〔2020〕9号） 关于组织对清洁生产企业审核验收的通知（克环发〔2020〕17号） 关于印发昌吉州2020年重点行业企业清洁生产工作实施方案的通知（昌州环发〔2020〕61号） 克拉玛依市生态环境局《关于做好2020年清洁生产审核工作的通知》
新疆生产建设兵团	2016	关于公布兵团2016年度强制性清洁生产审核重点企业名单的通知
	2020	关于落实《关于深入推进重点行业清洁生产审核工作的通知》的通知（兵环发〔2020〕48号）

3

“十三五”清洁生产能力建设情况

Cleaner production capacity building during the “13th Five-Year Plan” period

3.1 清洁生产审核培训

"十三五"期间，根据《清洁生产审核办法》（国家发展改革委、环境保护部令第 38 号）、《清洁生产审核评估与验收指南》（环办科技〔2018〕5 号）、《关于深入推进重点行业清洁生产审核工作的通知》（环办科财〔2020〕27 号）等文件精神要求，国家及地方针对清洁生产审核工作开展了一系列的相关培训，以提高全国清洁生产审核专业工作人员的能力水平。

3.1.1 国家层面清洁生产培训情况

"十三五"期间，国家层面共举办清洁生产审核培训班 80 期，培训人员 4 454 人次。2016 年，国家层面共举办清洁生产审核培训班 20 期，培训人员 922 人次；2017 年，国家层面共举办清洁生产审核培训班 22 期，培训人员 1 093 人次；2018 年，国家层面共举办清洁生产审核培训班 23 期，培训人员 1 361 人次；2019 年，国家层面共举办清洁生产审核培训班 2 期，培训人员 295 人次；2020 年，国家层面共举办清洁生产审核培训班 13 期，培训人员 783 人次。2016—2020 年国家层面清洁生产培训人员数量情况如图 3-1 所示。

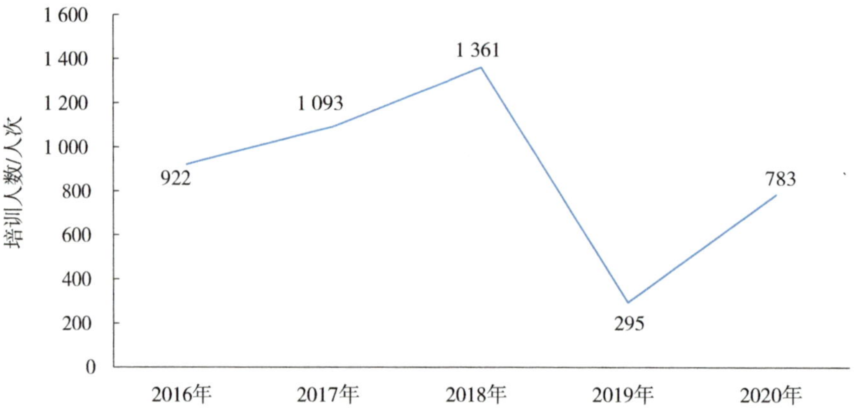

图 3-1　2016—2020 年国家层面清洁生产培训人员数量统计

3.1.2　地方层面清洁生产培训情况

“十三五”期间，根据各省（区、市）反馈数据统计，地方层面累计培训人员 109 986 人次。2016 年，全国涉及 13 个省份相关部门组织开展清洁生产审核培训，累计培训人员 62 301 人次；2017 年，全国涉及 16 个省份相关部门组织开展清洁生产审核培训工作，累计培训人员 3 889 人次；2018 年，全国涉及 18 个省份相关部门组织开展清洁生产审核培训工作，累计培训人员 10 861 人次；2019 年，全国涉及 15 个省份相关部门组织开展清洁生产审核培训工作，累计培训人员 16 223 人次；2020 年，全国涉及 22 个省份相关部门组织开展清洁生产审核培训工作，累计培训人员 16 712 人次。2016—2020 年全国地方层面清洁生产审核培训涉及省份变化情况如图 3-2 所示，2016—2020 年全国地方层面清洁生产培训人员数量情况如图 3-3 所示。

由图 3-2、图 3-3 可知，“十三五”期间全国各省（区、市）积极主动开展清洁生产审核培训工作的数量呈增长趋势，而自 2016 年后，培训人员大幅下降，说明地方清洁生产审核培训在向国家层面清洁生产审核培训水平不断靠拢的同时正积极扩大培训范围，因此地方清洁生产审核培训总体状态呈严要求、全覆盖的发展趋势。

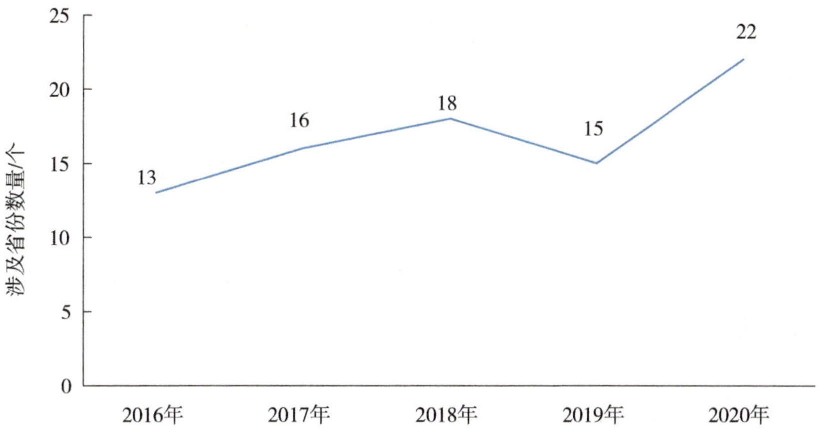

图 3-2　2016—2020 年全国地方层面清洁生产审核培训涉及省份数量

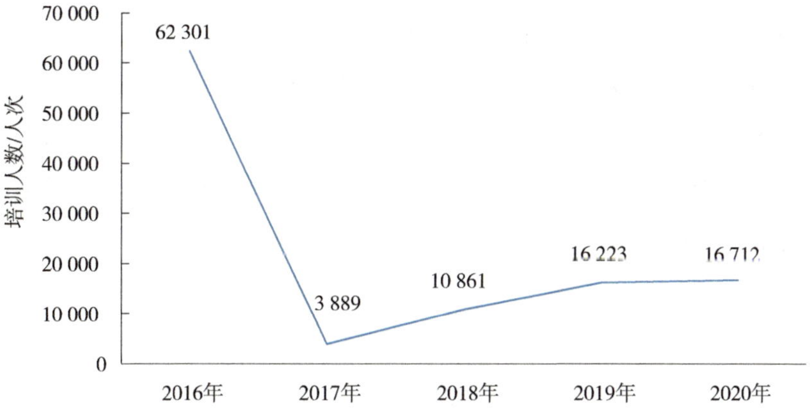

图 3-3　2016—2020 年全国地方层面清洁生产培训人员数量统计

3.2　清洁生产专家库

3.2.1　国家层面清洁生产专家库

目前，国家层面的清洁生产专家库仍然为 2007 年由国家发展改革委、国家环境保护总局发布的国家清洁生产专家库专家名单（第一批），然而，随着《清洁生产审核办法》的发布以及清洁生产的全面推进，尤其是近年来全国范围内环境保护督查的全面推进，管理部门对工业企业清洁生产的要求日益严格，现有专家库的人数、专业背景及能力已无法满足日益增长的清洁生产审核工作需求，专家队伍支撑力量已经成为清洁生产推行的短板。“十四五”期间，生态环境部将根据“双碳”背景下的绿色发展新形势要求，更新建立覆盖面更广、运作更高效的清洁生产专家库。

3.2.2 地方层面清洁生产专家库

“十三五”期间因全国清洁生产工作落实层层下放，地方清洁生产专家库的建设逐渐丰富。截至 2020 年年底，根据全国 31 个省（区、市）和新疆生产建设兵团反馈数据，全国包括北京、天津、河北在内的 26 个省（区、市）建立了清洁生产专家库，共纳入清洁生产相关专家 4 898 人，同比 2016 年增长 78%。2016—2020 年全国地方层面清洁生产专家库成员数量变化如图 3-4 所示、2020 年全国各省（区、市）和新疆生产建设兵团清洁生产专家库情况如图 3-5 所示。

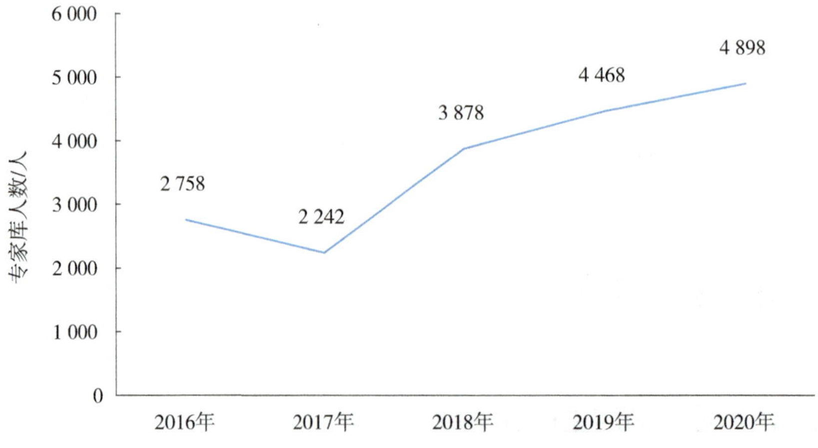

图 3-4 2016—2020 年全国地方层面清洁生产专家库成员数量变化

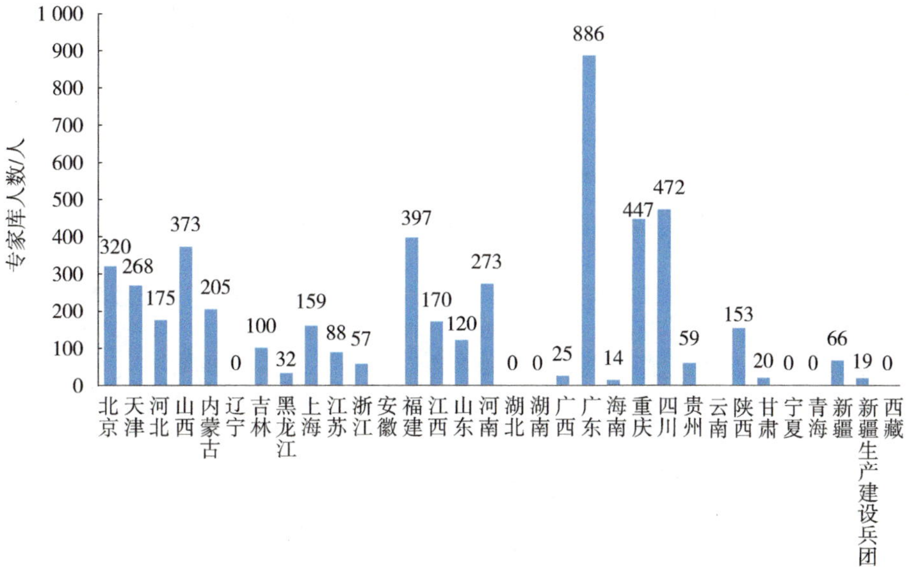

图 3-5　2020 年全国各省（区、市）和新疆生产建设兵团清洁生产专家库情况

3.3　各地清洁生产中心

3.3.1　省级清洁生产中心数量及人员

根据全国 31 个省（区、市）和新疆生产建设兵团上报情况，"十三五"期间，各地按地方清洁生产工作需求建立其省级清洁生产中心及相关机构。2016 年，天津、河北、内蒙古、河南、辽宁、吉林、黑龙江、上海、江苏、浙江、安徽、福建、山东、湖南、湖北、广西、广东、海南、四川、云南、陕西、甘肃、青海、新疆 24 个省（区、市）建立了省级清洁生产中心；2017 年，天津、内蒙古、辽宁、吉林、上海、江苏、浙江、安徽、福建、山东、湖南、广西、广东、海南、四川、云南、青海 17 个省（区、市）委托其他单位协助生态环境部门开展了清洁生产审核评估和验收工作，其中 6 个省（区、市）有 2 个及以上的清洁生产审核评估、验收技术支撑单位；2018 年，吉林、江苏、浙江、福建、河南、湖南、广西、广东、海南、甘肃、青海 11 个省（区）建立了省级

清洁生产中心；2019年，吉林、江苏、浙江、福建、河南、湖南、广西、广东、海南、四川、陕西、甘肃、青海13个省（区）建立了省级清洁生产中心及相关机构；2020年，吉林、黑龙江、上海、江苏、浙江、湖南、广西、广东、海南、陕西、甘肃11个省（区、市）建立了省级清洁生产中心及相关机构。

2016—2020年各省级清洁生产中心名称、挂靠单位及人员数量详见表3-1。

表3-1 2016—2020年各省级清洁生产中心名称、挂靠单位及人员数量

年份	省（区、市）	省级清洁生产中心名称	挂靠单位	人员数量/人
2016	天津	天津市清洁生产专业委员会	天津市节能协会	6
	河北	河北省清洁生产中心	河北省环境科学研究院	6
	内蒙古	内蒙古自治区清洁生产中心	内蒙古自治区环境科学研究院	15
	河南	河南环境科学研究院清洁生产与循环经济研究所	河南省环境科学研究院	—
	辽宁	辽宁省清洁生产指导中心	辽宁省环境保护厅	8
	吉林	吉林省清洁生产中心	吉林省环境科学研究院	3
	黑龙江	黑龙江省清洁生产中心	黑龙江省环境保护科学研究院	3
	上海	上海市清洁生产中心	上海市环境科学研究院	4
	江苏	江苏省清洁生产中心	江苏省环境科学研究院	4
	浙江	浙江省清洁生产中心	浙江省环境科学研究院	15
	安徽	安徽省清洁生产中心	安徽省环境科学研究院	7
	福建	福建省清洁生产中心	福建省环境科学研究院	10
	山东	山东省清洁生产指导中心	—	10
	湖南	湖南省清洁生产中心	湖南省环境科学研究院	14
	湖北	湖北省轻工清洁生产中心	湖北工业大学	/
	广西	广西壮族自治区清洁生产中心	广西壮族自治区环境保护科学研究院	7
	广东	广东省环境保护厅清洁生产促进中心	广东省环境科学研究院	7
	海南	海南省清洁生产审核中心	海南省环境科学研究院	16

续表

年份	省（区、市）	省级清洁生产中心名称	挂靠单位	人员数量/人
2016	四川	四川省环境保护科学研究院清洁生产研究所	四川省环境保护科学研究院	8
	云南	云南省清洁生产中心	云南省环境保护厅	15
	陕西	陕西省环境管理体系咨询中心	—	35
	甘肃	甘肃省清洁生产指导中心	甘肃省环境科学设计研究院	12
	青海	青海省清洁生产指导中心	青海省环境科学研究设计院	3
	新疆	新疆清洁生产指导中心	—	—
2017	天津	天津市节能中心	天津市节能协会	26
	内蒙古	内蒙古自治区清洁生产中心	内蒙古自治区环境科学研究院	15
	辽宁	辽宁省清洁生产指导中心	辽宁省环境保护厅	8
	吉林	吉林省清洁生产中心	吉林省环境科学研究院	4
	上海	上海市清洁生产中心	上海市环境科学研究院	4
	江苏	江苏省清洁生产中心	江苏省环境科学研究院	4
	浙江	浙江省清洁生产中心	浙江省环境保护厅	22
	安徽	安徽省清洁生产中心	安徽省环境科学研究院	7
	福建	福建省清洁生产中心	福建省环境科学研究院	12
	山东	山东省清洁生产指导中心	—	10
	湖南	湖南省清洁生产中心	湖南省环境科学研究院	14
	广西	广西壮族自治区清洁生产中心	广西壮族自治区环境保护科学研究院	3
	广东	广东省环境保护厅清洁生产促进中心	广东省环境科学研究院	7
	海南	海南省清洁生产审核中心	海南省环境科学研究院	14
	四川	四川省环境保护科学研究院清洁生产研究所	四川省环境保护科学研究院	12

续表

年份	省（区、市）	省级清洁生产中心名称	挂靠单位	人员数量/人
2017	云南	云南省清洁生产中心	云南省环境保护厅	15
	青海	青海省清洁生产指导中心	青海省环境科学研究设计院	3
2018	吉林	吉林省清洁生产中心	吉林省环境科学研究院	4
	江苏	江苏省清洁生产中心	江苏省环境科学研究院	4
	浙江	浙江省清洁生产中心	浙江省环境科学研究院	20
	福建	福建省清洁生产中心	福建省环境科学研究院	12
	河南	河南省清洁生产中心	由河南省环境保护科学研究院清洁生产与循环经济研究所及河南润环环境科技有限公司绿色发展室人员共同组建（非实职机构）	30
	湖南	湖南省清洁生产中心	—	12
	广西	广西清洁生产中心	—	10
	广东	广东省环境保护厅清洁生产促进中心	—	7
	海南	海南省清洁生产审核中心	—	14
	甘肃	甘肃省清洁生产指导中心	—	5
	青海	青海省清洁生产指导中心	—	3
2019	吉林	吉林省清洁生产中心	隶属吉林省环境科学研究院	4
	江苏	江苏省清洁生产中心	江苏省环境科学研究院	4
	浙江	浙江省清洁生产中心	浙江省环境科学研究院	22
	福建	福建省清洁生产中心	福建省环境科学研究院	12
	河南	河南省清洁生产中心	由河南省环境保护科学研究院清洁生产与循环经济研究所及河南润环环境科技有限公司绿色发展室人员共同组建（非实职机构）	30

续表

年份	省（区、市）	省级清洁生产中心名称	挂靠单位	人员数量/人
2019	湖南	湖南省清洁生产中心	湖南省环境保护科学研究院	12
	广西	广西壮族自治区环境保护科学研究院清洁生产研究中心	广西壮族自治区环境保护科学研究院	8
	广东	广东省环境保护厅清洁生产促进中心	—	7
	海南	海南省清洁生产审核中心	—	14
	四川	四川省生态环境科学研究院清洁生产研究所	四川省生态环境科学研究院	16
	陕西	陕西省环境科学研究院	—	7
	甘肃	甘肃省清洁生产指导中心	甘肃省环境科学设计研究院	9
	青海	青海省清洁生产指导中心	青海省环境科学研究设计院	3
2020	吉林	吉林省清洁生产中心	隶属吉林省环境科学研究院	4
	黑龙江	黑龙江省环境科学研究院清洁生产中心	黑龙江省环境科学研究院	5
	上海	上海市清洁生产中心	上海市环境科学研究院	10
	江苏	江苏省清洁生产中心	江苏省环境科学研究院	4
	浙江	浙江省清洁生产中心	浙江省生态保护科学设计研究院下属部门	22
	湖南	湖南省清洁生产中心	湖南省环境保护科学研究院	25
	广西	广西壮族自治区环境保护科学研究院清洁生产研究中心	广西壮族自治区环境保护科学研究院	10
	广东	广东省生态环境厅清洁生产促进中心	—	7
	海南	海南省清洁生产审核中心	—	14
	陕西	陕西省环境科学研究院	—	7
	甘肃	甘肃省清洁生产指导中心	甘肃省环境科学设计研究院	9

3.3.2 地市级清洁生产中心数量及人员

根据各省（区、市）上报情况，2016年，河北、江苏、内蒙古、浙江、福建、山东、湖北、广西、广东、海南、陕西、青海12个省（区）建立了地市级清洁生产中心；2017年，河南、江苏、浙江、福建、山东、广西、广东、云南、青海9个省（区）建立了地市级清洁生产中心；2018年，河南、江苏、浙江、福建、广西、广东、甘肃、青海8个省（区）建立了地市级清洁生产中心；2019年，江苏、浙江、福建、河南、湖北、广西、广东、甘肃、青海、新疆10个省（区）建立了地市级清洁生产中心及相关支撑机构；2020年，江苏、福建、湖北、广西、广东、甘肃、新疆7个省（区）建立了地市级清洁生产中心及相关支撑机构。

3.4 清洁生产咨询服务机构

据统计，截至2020年年底，我国共有清洁生产咨询机构1 232家，各省（区、市）中，广东省所拥有的清洁生产咨询机构最多，达到213家；其次是江苏省201家，位居第二；河北省以93家位居第三。2020年全国各省（区、市）清洁生产咨询机构数量如图3-6所示。"十三五"期间，我国清洁生产咨询机构数量得益于国家及地方政策影响，总体呈波动上升趋势，2016—2020年我国清洁生产咨询机构数量变化趋势如图3-7所示。

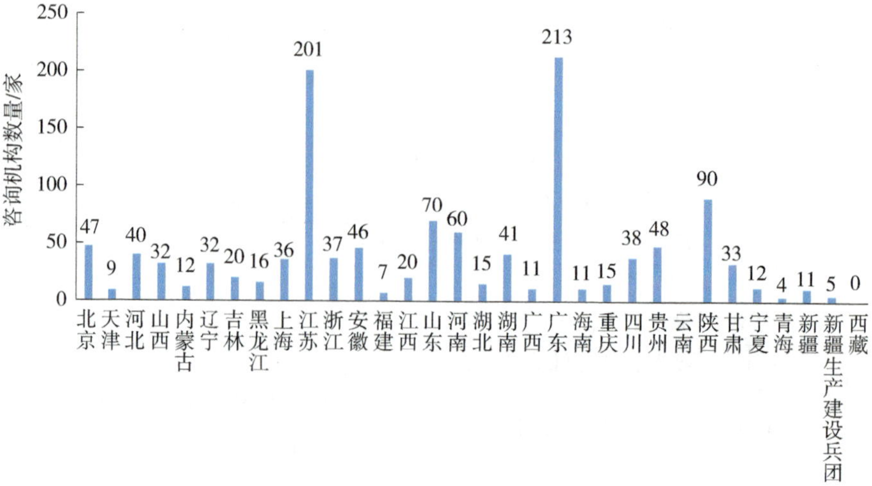

图3-6 2020年全国各省（区、市）和新疆生产建设兵团清洁生产咨询机构数量情况

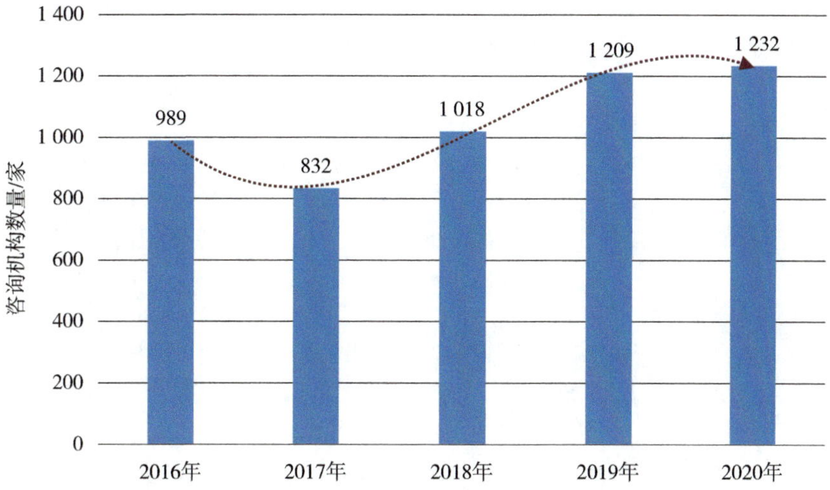

图 3-7　2016—2020 年我国清洁生产咨询机构数量变化趋势

3.5　小结

"十三五"期间，在国家及地方政府的大力推动下，全国清洁生产能力建设稳步推进，各地清洁生产专家库逐渐完善，各地清洁生产机构日益健全。清洁生产咨询机构经历了高速发展后，已经基本能够满足清洁生产咨询服务需求，机构数量稳步上升，各地清洁生产能力显著提高。

4

“十三五”清洁生产审核及实施绩效

Cleaner production audit and its implementation performance during the “13th Five-Year Plan” period

4.1 强制性清洁生产审核开展情况

4.1.1 公布名单情况

"十三五"期间，各省（区、市）生态环境厅（局）依法在当地主要媒体共计公布了31 680家应当实施清洁生产审核的企业名单，主要包括污染物排放超过国家或者地方规定的排放标准，或者虽未超过国家或者地方规定的排放标准，但超过重点污染物排放总量控制指标的企业、超过单位产品能源消耗限额标准构成高耗能的企业、使用有毒、有害原料进行生产或者在生产中排放有毒、有害物质的企业以及根据国家各类规划、行动计划需要纳入强制性清洁生产审核的企业。

2016—2020年，各省（区、市）生态环境厅（局）依法在当地公布应当实施清洁生产审核的企业名单的数量：2016年为4 820家，2017年为5 427家，2018年为5 871家，2019年为7 825家，2020年为7 737家，总体数量呈不断上升趋势。其中公布应当实施清洁生产审核的企业名单总数排名前五的省份分别为广东省（5 534家）、江苏省（4 967家）、河北省（3 199家）、山东省（2 741家）及河南省（2 619家）。2016—2020年全国强制性审核企业数量趋势如图 4-1 所示，“十三五”期间各省（区、市）和新疆生产建设兵团强制性审核企业数量情况如图 4-2 所示。

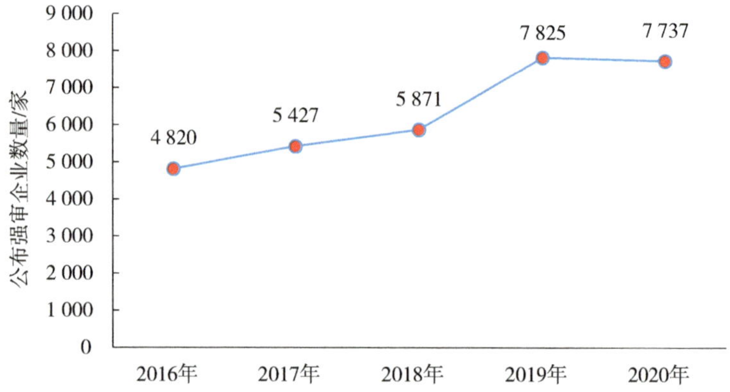

图 4-1　2016—2020 年全国强制性审核企业数量趋势

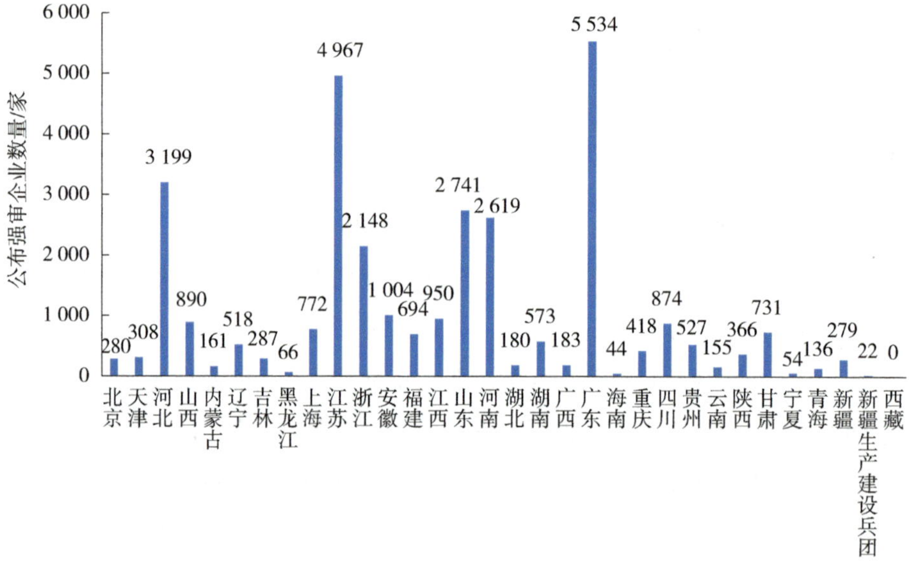

图 4-2 “十三五”期间各省（区、市）和新疆生产建设兵团强制性审核企业数量

按照所公布强制性清洁生产审核企业类型可以分类如下：第一类审核企业为污染物排放超过国家或者地方规定的排放标准，或者虽未超过国家或者地方规定的排放标准，但超过重点污染物排放总量控制指标的企业；第二类审核企业为超过单位产品能源消耗限额标准构成高耗能的企业；第三类审核企业为使

用有毒、有害原料进行生产或者在生产中排放有毒、有害物质的企业，以及根据国家各类规划、行动计划需要纳入强制性清洁生产审核企业。根据2019—2020年全国31个省（区、市）以及新疆生产建设兵团所公布强制性清洁生产审核企业反馈数据可知，第一类审核企业占比为4.3%，第二类审核企业占比为2.7%，第三类审核企业占比为64%，纳入审核的企业占比为29%。2019—2020年所公布强制性清洁生产审核企业类型分布情况如图4-3所示。

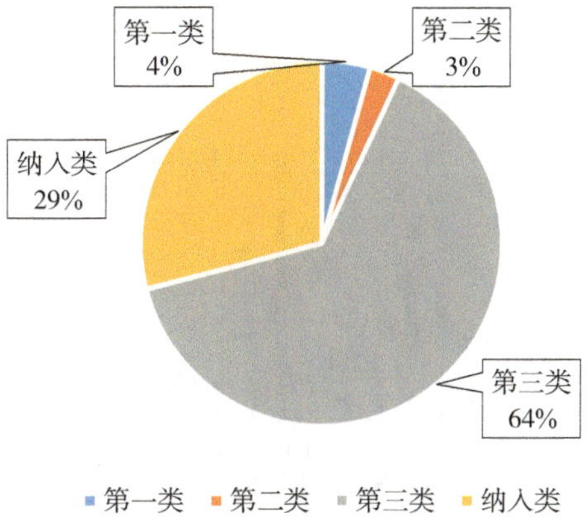

图4-3 2019—2020年所公布强制性清洁生产审核企业类型分布

4.1.2 企业公布污染物排放情况

2016—2020年，31个省（区、市）和新疆生产建设兵团根据《清洁生产审核办法》的规定公布主要污染物排放情况的企业共计18 142家，占"十三五"期间全国公布强制性清洁生产审核企业总数量的57%，公布情况排名前五的省份为江苏省、山东省、河南省、河北省、广东省。其中，2016年公布主要污染物排放情况的企业数量为2 268家，占该年公布强制性清洁生产审核企业总数量的47%；2017年公布主要污染物排放情况的企业数量为3 747家，占该年公布强制性清洁生产审核企业总数量的69%；2018年公布主要污染物排放情况的企业数量为2 594家，占该年公布强制性清洁生产审核企业总数量的40%；2019年公布主要污染物排放情况的企业数量为4 187家，占该年公布强制性清洁生产审核企业总数量的54%；2020年公布主要污染物排放情况的企业数量为5 346家，占该年公布强制性清洁生产审核企业总数量的 70%。由此可见，"十三五"期间，随着政策力度的加大，企业清洁生产意识逐渐提高，企业公布主要污染物排放情况的数量整体呈上升趋势。"十三五"各省（区、市）和新疆生产建设兵团在媒体公布主要污染物排放情况的企业数量如图 4-4 所示，2016—2020 年全国公布主要污染物排放情况的企业数量及其在公示审核企业中的占比如图 4-5 所示。

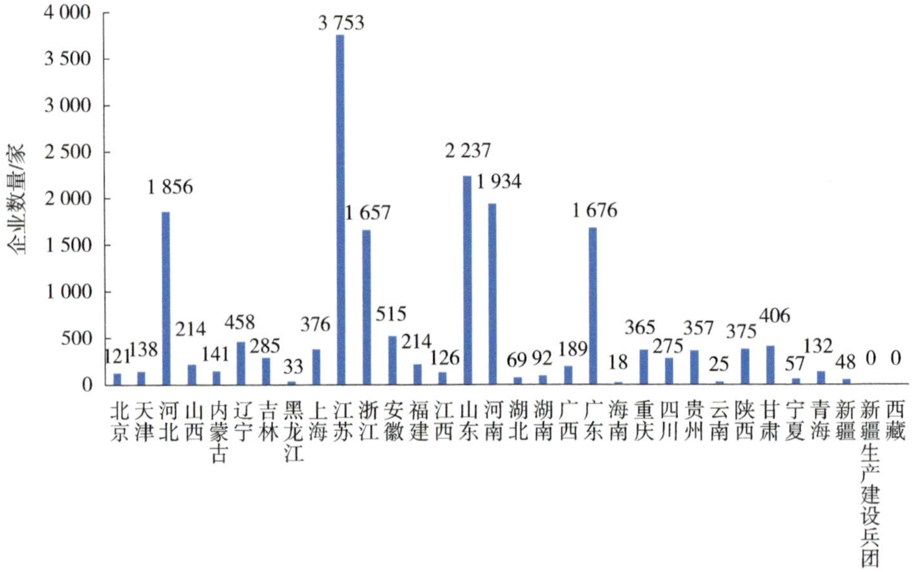

图 4-4 "十三五"各省（区、市）和新疆生产建设兵团在媒体公布主要污染物排放情况的企业数量

图 4-5 2016—2020 年全国公布主要污染物排放情况的企业数量及其在公示审核企业中的占比

4.1.3 企业开展清洁生产审核情况

"十三五"期间，我国31个省（区、市）和新疆生产建设兵团共在32 027家企业开展了强制性清洁生产审核工作，开展强制性清洁生产审核工作的企业数量排名前五的省份为广东省（6 628家）、江苏省（4 786家）、山东省（2 908家）、河北省（2 803家）、浙江省（2 130家）。各省（区、市）和新疆生产建设兵团开展强制性清洁生产的企业数量如图4-6所示，2016—2020年全国开展强制性清洁生产企业数量变化如图4-7所示，总体呈上升趋势。2020年有3 062家企业自愿开展清洁生产审核工作，其在2020年所有开展清洁生产审核工作企业中的占比为30.6%。

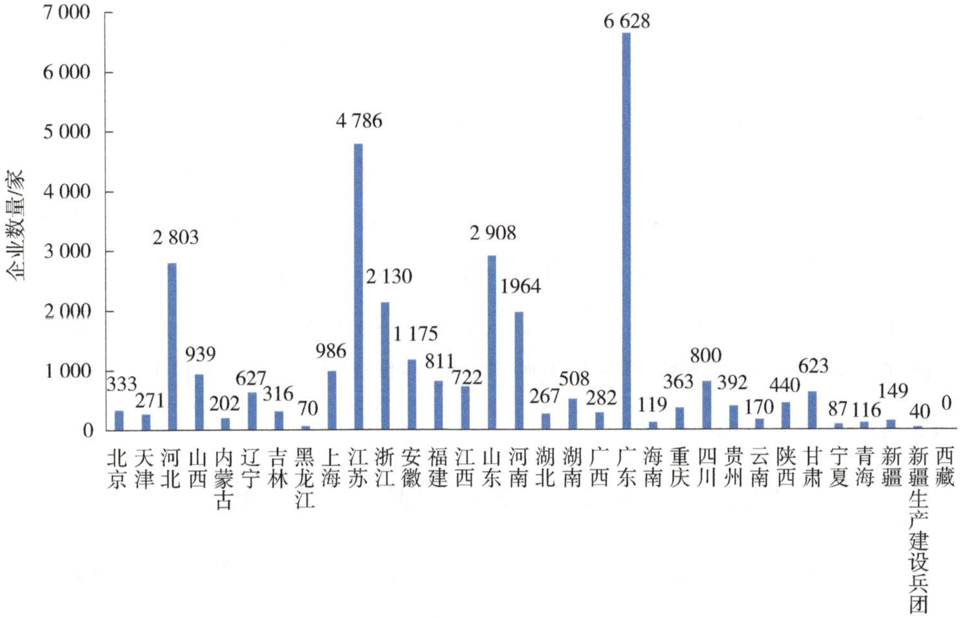

图4-6 "十三五"期间各省（区、市）和新疆生产建设兵团开展强制性清洁生产的企业数量分布

4.1.4 清洁生产专项资金建立情况

截至2020年年底，全国31个省（区、市）和新疆生产建设兵团中有北京、河北、山西、辽宁、上海等19个省（区、市）建立了清洁生产专项

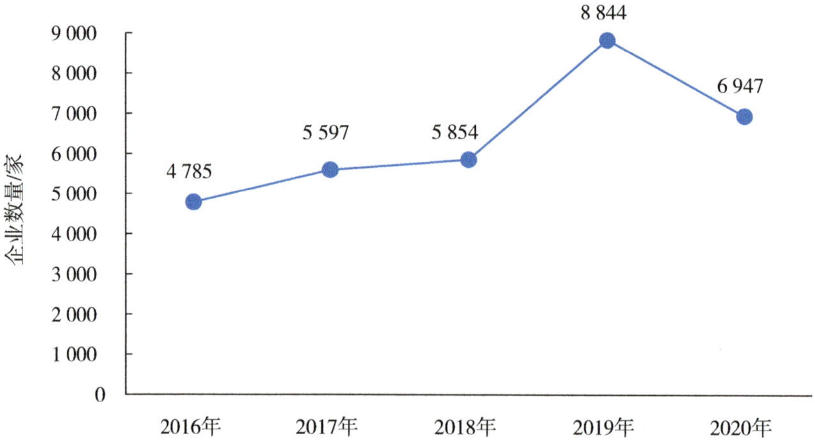

图 4-7　2016—2020 年全国开展强制性清洁生产企业数量变化

资金。各省（区、市）和新疆生产建设兵团清洁生产审核专项资金相关政策见表 4-1。依据《清洁生产促进法》中的规定，各地方财政安排清洁生产促进工作的资金，主要用于支持清洁生产重点项目；组织对企业实施清洁生产的效果进行评估验收；对从事清洁生产研究、示范和培训，实施国家清洁生产重点技术改造项目给予资金支持；对自愿节约资源、削减污染物排放量协议中载明的技术改造项目给予资金支持等工作。清洁生产专项资金的建立以及其他一系列普惠政策在一定程度上促进了企业积极主动地开展清洁生产审核工作，极大地推动了清洁生产审核工作的推广。

表 4-1　各省（区、市）和新疆生产建设兵团清洁生产审核专项资金相关政策

省（区、市）	相关规定文件	资金用途	额度	资金来源
北京	《北京市清洁生产管理办法》（京发改规〔2013〕6 号）	支持清洁生产审核，中高费项目实施、评估验收等	审核费用补贴不超过 15 万元，中高费项目补贴占总投资的 30%	北京市财政
天津	—	—	—	—
河北	—	评估验收会务费	75.8 万元	财政拨款

续表

省（区、市）	相关规定文件	资金用途	额度	资金来源
山西	《中华人民共和国清洁生产促进法》规定：对企业实施清洁生产的效果进行评估验收，所需费用纳入同级政府预算，承担评估验收工作的部门或者单位不得向被评估验收企业收取费用	晋城市清洁生产评估验收服务项目	30 万元	市级财政预算
内蒙古	—	—	—	—
辽宁	《辽宁清洁生产周转金管理办法》	用于高费方案的实施	30 000 万元	欧盟项目支持
吉林	—	—	—	—
黑龙江	—	—	—	—
上海	《上海市鼓励企业实施清洁生产专项扶持办法》（沪经信法〔2017〕219 号）	清洁生产项目奖励	企业项目与清洁生产相关的实际投资额低于 100 万元的，奖励 10 万元；企业项目与清洁生产相关的实际投资额高于 100 万元（含 100 万元）的，按照项目实际投资额的 20% 予以奖励，最高不超过 300 万元	上海市节能减排专项资金

续表

省（区、市）	相关规定文件	资金用途	额度	资金来源
江苏	《江阴市清洁生产审核专项资金管理办法》《关于〈印发昆山市环境保护专项资金管理办法实施细则〉的通知》《管委会（区政府）关于印发〈苏州高新区循环经济发展专项资金管理办法〉的通知》《关于设立生态建湖奖励基金的通知》（建政发〔2012〕93号）、扬江办发〔2014〕46号、宝工信发〔2020〕50号等	培训、评估、验收费用，以奖代补资金	693.69万元	各级财政
浙江	《关于印发〈关于全面实施"新制造业计划" 推进高质量发展的实施细则〉的通知》(临经信综〔2019〕110号)	对通过清洁生产审核、电平衡（水平衡）测试验收的制造业企业，给予5万元一次性资助	5万元	区级财政
	《关于助力"雏鹰"企业快速发展的实施意见》（钱塘管发〔2019〕30号）	补助	5万元	区级财政
	《嘉兴市南湖区人民政府关于加快推进制造业高质量发展的政策意见(修订版)》(南政发〔2020〕131号)	对自愿开展清洁生产审核且验收通过的企业给予一次性奖励	每家5万元	区级资金
	《关于加快创新驱动 推进生态工业高质量发展的实施意见》（开化县委〔2020〕17号）	补助企业清洁生产审核报告编制费用	10万元	县级财政
安徽	《合肥市生态环境局关于〈合肥市强制性清洁生产审核评估/验收工作实施分级管理〉的通知》（合环防函〔2015〕247号）	专家咨询费	—	合肥市财政局

续表

省（区、市）	相关规定文件	资金用途	额度	资金来源
福建	《福州市生态环境局关于下达2020年度部门预算的通知》（榕环保综〔2020〕10号）	清洁生产审核评估、验收专家评审费	8万元	财政支出
	《泉州市财政局关于批复2020年度市直行政事业单位部门预算的通知》（泉财指标〔2020〕1号）	清洁生产工作经费	24万元	财政预算
江西	《宜春市财政局关于对〈关于请求解决宜春市生态环境局开展环评评估及清洁生产审核工作经费的请示〉回复意见》（宜财资环意见〔2020〕28号）	用于清洁生产审核工作经费	25万元	宜春市级财政
	《抚州市人民政府办公室关于解决清洁生产工作经费抄告单》（抚府办抄字〔2020〕185号）	清洁生产的审核与评估	24万元	抚州市级财政
山东	—	—	—	—
湖北	《关于印发〈武汉市清洁生产审核暂行办法实施细则〉的通知》（武发改环资〔2009〕57号）	清洁生产审核补贴	每家合格企业补贴10万元	市级财政资金
湖南	《岳阳市财政局关于批复2020年本级部门预算的通知》	清洁生产改造项目	20万元	市级财政预算
广西	《柳州市财政局关于批复2020年部门预算的通知》（柳财预〔2020〕50号）	清洁生产工作经费	3.16万元	柳州市本级财政
	百环发〔2020〕132号	清洁生产工作经费	—	百色市本级财政

续表

省（区、市）	相关规定文件	资金用途	额度	资金来源
广东	《珠海市促进实体经济高质量发展专项资金（工业节能与工业循环经济用途）管理实施细则》、《关于下达2021年度市级部门预算的通知》（韶关）、《中山市节能和循环经济项目资助实施细则》（江工信节能〔2021〕4号）、《关于印发〈茂名高新区关于鼓励和促进企业自愿开展清洁生产审核奖励办法〉的通知》（茂高新区〔2017〕63号）、《广州市生态环境局排污费专项资金补助实施办法（暂行）》	支持企业工业节能、自愿清洁生产与循环经济（含通过清洁生产审核评估验收的企业资金补贴）、强制清洁生产审核督促、评估验收第三方购买服务	2 997.9万元	市、区县财政资金
海南	省财政厅《关于批复2020年省本级部门预算的通知》（省财预〔2020〕48号）	清洁生产"以奖促治"专项资金	80万元	省级财政
重庆	—	—	—	—
四川	《关于进一步加强重点企业清洁生产审核工作的通知》（川环发〔2013〕166号）	用于组织四川省重点排污单位强制性清洁生产审核评估、验收	55万元	四川省财政
	《关于进一步加强重点企业清洁生产审核工作的通知》（川环发〔2013〕166号）	用于组织成都市非重点排污企业强制性清洁生产审核评估、验收	115万元	成都市财政
	《宜宾市人民政府办公室 关于印发〈加快建设现代工 业强市的若干政策措施（试行）〉的通知》（宜府办函〔2018〕47号）	对首次通过清洁生产审核并达到行业标准的企业，给予20万元/户以奖代补资金	20万元/户	宜宾市财政专项资金

续表

省（区、市）	相关规定文件	资金用途	额度	资金来源
云南	—	—	—	—
陕西	—	—	—	—
甘肃	—	—	—	—
宁夏	—	—	—	—
青海	—	—	—	—
新疆	《关于印发克拉玛依市环境技术评估工作程序的通知》	技术支撑部门开展评估验收专项费用	5万元	财政预算安排
新疆生产建设兵团	—	—	—	—
西藏	—	—	—	—

4.2 清洁生产审核方案实施、资金投入情况

4.2.1 产生的清洁生产方案

"十三五"期间，我国31个省（区、市）和新疆生产建设兵团相继开展清洁生产审核的企业为35 089家，总计提出清洁生产相关方案496 160个，包含无/低费方案409 628个，中/高费方案86 532个。提出清洁生产相关方案数量排名前五的省份为广东省（120 971个）、江苏省（56 788个）、浙江省（38 420个）、河南省（34 656个）、河北省（32 089个）。其中，2016年提出的清洁生产相关方案为82 413个（包含无/低费方案68 934个，中/高费方案13 479个）；2017年提出的清洁生产相关方案为78 384个（包含无/低费方案63 526个，中/高费方案14 858个）；2018年提出的清洁生产相关方案为86 441个（包含无/低费方案69 172个，中/高费方案17 269个）；2019年提出的清洁生产相关方案为124 185个（包含无/低费方案103 673个，中/高费方案20 512个）；2020年提出的清洁生产相关方案为124 737个（包含无/低费

方案 104 323 个，中 / 高费方案 20 414 个），由此可见，2016—2020 年提出清洁生产相关方案的数量整体呈上升趋势。“十三五”期间各省（区、市）和新疆生产建设兵团提出的清洁生产方案数量如图 4-8 所示，2016—2020 年全国提出的清洁生产方案数量变化趋势如图 4-9 所示。

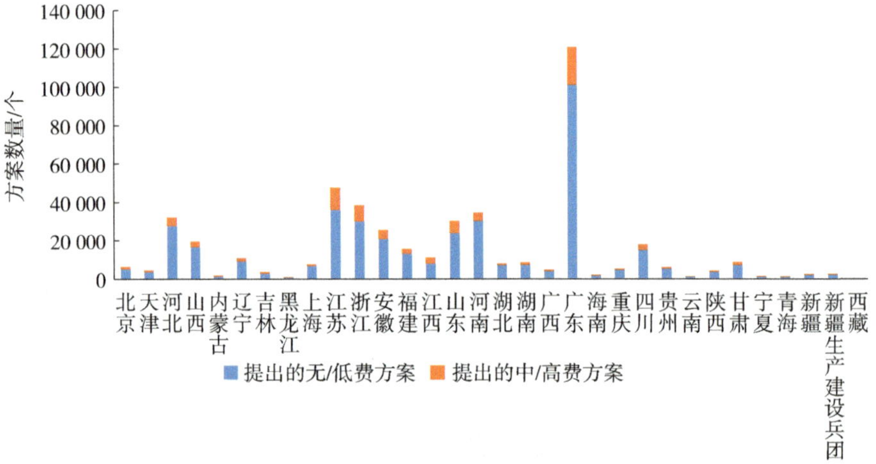

图 4-8 “十三五”期间各省（区、市）和新疆生产建设兵团提出的清洁生产方案数量分布

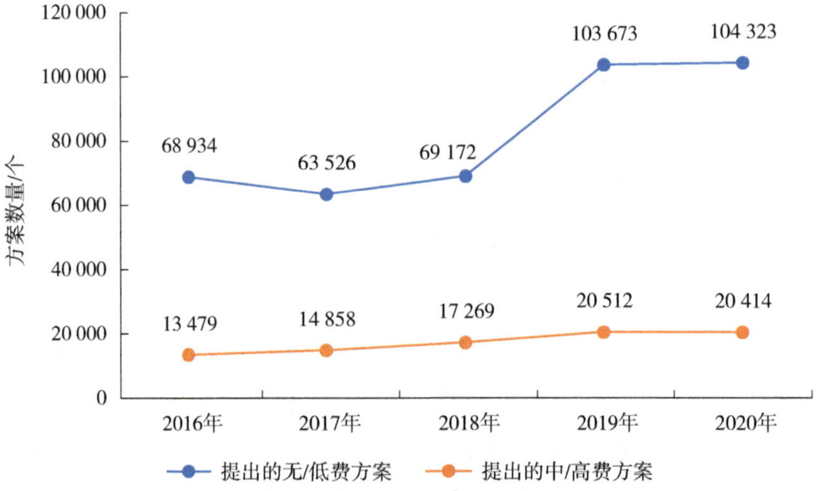

图 4-9 2016—2020 年全国提出的清洁生产方案数量变化趋势

4.2.2 实施的清洁生产方案

“十三五”期间，我国31个省（区、市）和新疆生产建设兵团总计实施清洁生产相关方案484 886个，其中无/低费方案实施数量为404 375个，中/高费方案实施数量为80 511个，总体实施率为97.73%。“十三五”期间，实施清洁生产相关方案数量排名前五的省份为广东省（120 628个）、江苏省（55 428个）、浙江省（36 993个）、山东省（33 386个）、河南省（34 062个）。其中，2016年实施清洁生产相关方案82 004个（包含无/低费方案68 881个，中/高费方案13 123个），实施率为99.5%；2017年实施清洁生产相关方案为80 156个（包含无/低费方案65 298个，中/高费方案14 858个），实施率为100%；2018年实施清洁生产相关方案86 597个（包含无/低费方案69 328个，中/高费方案17 269个），实施率为98.5%；2019年实施清洁生产相关方案124 185个（包含无/低费方案103 673个，中/高费方案20 512个），实施率为96%；2020年实施清洁生产相关方案124 737个（包含无/低费方案104 323个，中/高费方案20 414个），实施率为94.80%，由此可见，2016—2020年提出清洁生产相关方案的数量整体呈上升趋势。“十三五”期间各省（区、市）和新疆生产建设兵团实施的清洁生产方案数量如图4-10所示，2016 2020年全国实施的清洁生产方案数量及实施率变化趋势如图4-11所示。

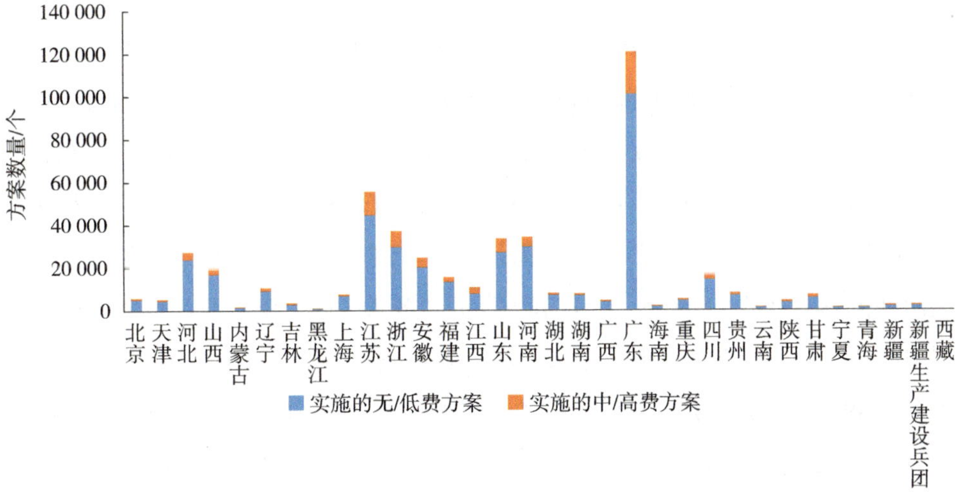

图4-10 “十三五”期间各省（区、市）和新疆生产建设兵团实施的清洁生产方案数量分布

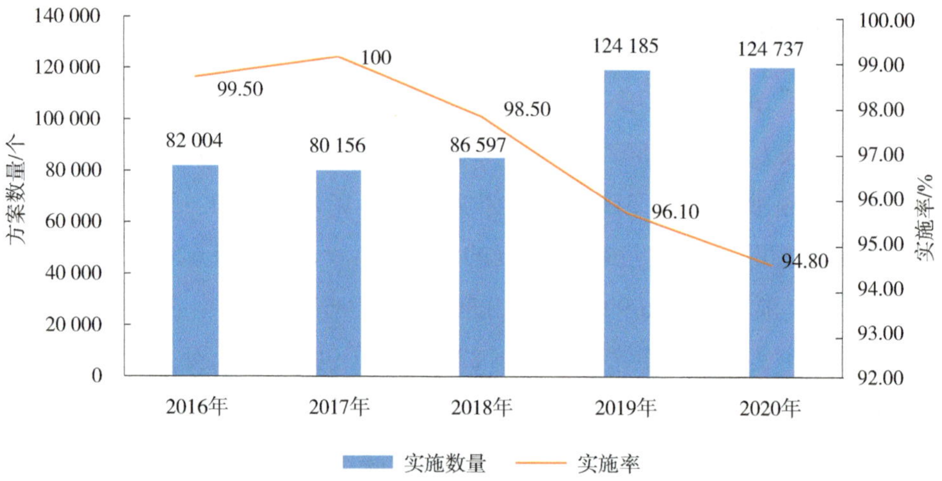

图 4-11 2016—2020 年全国实施的清洁生产方案数量及实施率变化趋势

4.2.3 清洁生产方案实施资金投入情况

"十三五"期间，全国 31 个省（区、市）和新疆生产建设兵团在实施清洁生产审核方案过程中总计投入资金 22 306 220.5 万元，其中企业投入资金 22 198 783.19 万元，政府部门投入资金 107 437.31 万元。2016—2020 年，全国各省（区、市）和新疆生产建设兵团在实施清洁生产审核方案过程中投入资金情况如下：2016 年为 2 258 116 万元（其中企业投入资金 2 251 894 万元，政府部门投入资金 6 222 万元）；2017 年为 5 089 747.58 万元（其中企业投入资金 5 082 971 万元，政府部门投入资金 6 776.58 万元）；2018 年为 4 855 581 万元（其中企业投入资金 4 775 235 万元，政府部门投入资金 80 346 万元）；2019 年为 4 868 167.9 万元（其中企业投入资金 4 863 975 万元，政府部门投入资金 4 192.9 万元）；2020 年为 5 234 608.02 万元（其中企业投入资金 5 224 708.19 万元，政府部门投入资金 9 899.83 万元）。从数据来看，企业仍是实施清洁生产方案投入的主要力量，资金额度占总额度的 99.52%。"十三五"期间，各省（区、市）和新疆生产建设兵团中清洁生产审核方案实施资金总投入大于 100 亿元的省份有 8 个，分别是浙江省（2 649 930.5 万元）、广东省（2 251 503.35 万元）、山东省（1 865 926.64 万元）、河北省（1 689 229.42 万元）、山西省（1 666 956.42 万元）、河南省

（1 356 045.06 万元）、安徽省（1 227 971.21 万元）和江苏省（1 222 597.28 万元）。“十三五”期间，各省（区、市）和新疆生产建设兵团清洁生产资金投入情况如图 4-12 所示，2016—2020 年全国清洁生产资金投入量变化如图 4-13 所示。

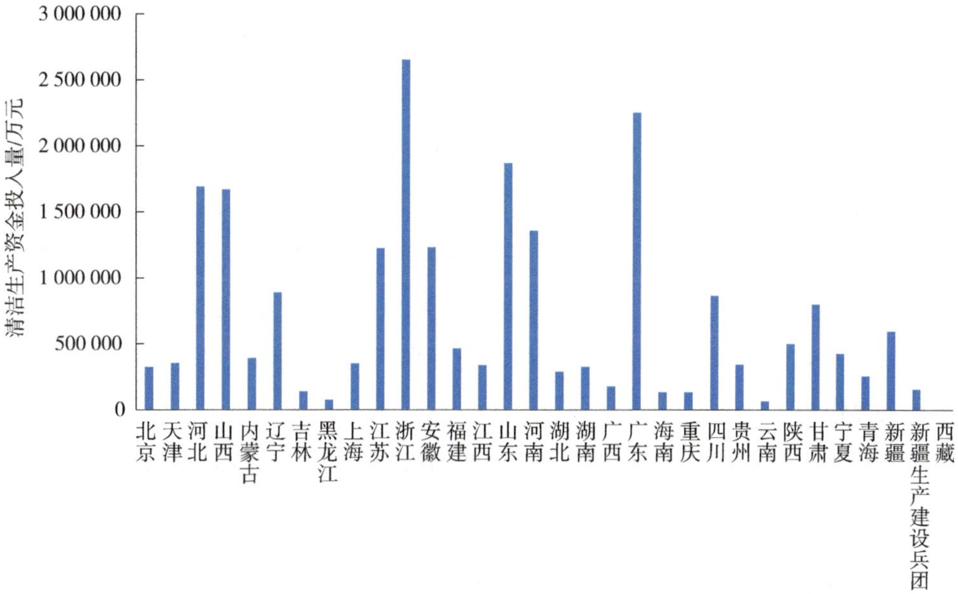

图 4-12 “十三五”期间各省（区、市）和新疆生产建设兵团清洁生产资金投入情况

图 4-13 2016—2020 年全国清洁生产资金投入量变化

4.3 清洁生产审核实施效果

当前，我国已经进入全面巩固污染治理成果、深入打好污染防治攻坚战，以降碳为重点战略方向、推动减污降碳协同增效的重要阶段。清洁生产遵循“从源头削减污染，提高资源利用效率，减少或者避免生产、服务和产品使用过程中污染物的产生和排放”的原则，从企业生产全过程出发，提出生产工艺及装备优化、产品结构调整、降低资源能源消耗、推动资源综合利用、削减污染物产生和建立管理体系等整体性、系统性解决方案，涵盖节能、节水、节材、减污、降碳等内容和要素，既是推进减污降碳协同增效的落地路径和重要载体，也是最为有效的政策工具和实施手段，对确保实现碳达峰、碳中和目标具有基础性支撑作用。

近年来，我国通过实施清洁生产，在污染物减排、节约资源能源以及碳减排方面做出了巨大贡献，本节将系统梳理我国清洁生产的实施效果。

4.3.1 实施清洁生产方案对主要污染物产生量削减情况

（1）废水产生量削减

工艺生产过程中排出的废水和废液中含有随水流失的工业生产用料、中间产物、副产品以及生产过程中产生的污染物，是造成环境污染，特别是水污染的重要原因。工业废水的处理虽然早在19世纪末就已经开始，但由于许多工业废水成分复杂，性质多变，仍有一些技术问题没有完全解决。工业废水对生态环境的破坏很大，如20世纪的“八大公害事件”中的“水俣事件”和“富山事件”就是由于工业废水的污染导致。

清洁生产作为一种从源头、过程以及末端全过程治理污染物的科学理论，在实践过程中很大程度上减少了污染物的产生量，相应地也就节省了处理污染物的烦琐过程，从而为企业带来了可观的经济效益。

“十三五”期间，全国积极推动清洁生产工作的开展与落地，在废水产生量削减方面做出了卓越贡献。据不完全统计，我国在"十三五"期间通过实施清洁生产审核实现削减废水 510 289.3 万吨，详细数据见表 4-2。

表 4-2 "十三五"期间我国废水削减量　　单位：万吨

年份	废水排放量
2016	437 809.9
2017	23 442.18
2018	6 299.97
2019	28 680.31
2020	14 056.94

1）化学需氧量（COD）产生量削减。

化学需氧量（COD）表明水体中还原性物质（如有机物）含量，还原性物质可降低水体中溶解氧的含量，导致水生生物缺氧死亡和水质腐败变臭。针对 COD 的控制主要通过源头控制：一是禁止将废弃化学试剂、废油、有机废液、高浓度有机废水等污染物排入城镇排水系统；二是提高城镇生活污水的集中处理率，将生活污水全部收集到污水管道，汇入城镇污水处理厂，处理后排放或回用，杜绝污水直接排入雨水管道以及河流、湖泊、水库等环境水体的现象；三是控制工业排放，尤其是化工、制药、纺织、食品加工等行业，要在废水排放稳定达标的基础上，进一步深化处理和回用，削减化学需氧量排放量；四是控制农村和农业污染，防止养殖废水、肥料、农药等有机物流入水体。

"十三五"期间，我国通过实施清洁生产削减化学需氧量 354 823.49 吨，根据往年削减情况来看呈波动上升趋势（图 4-14），这也意味着我国在化学需氧量削减方面控制力度逐渐加大，各行各业特别是化工、制药、纺织、食品加工、印染、造纸等都做出了巨大努力。

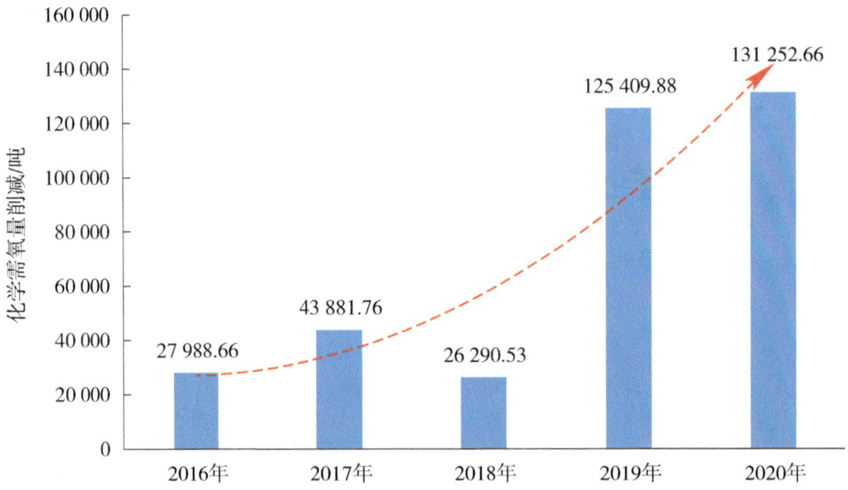

图 4-14 “十三五”期间我国实施清洁生产实现化学需氧量削减情况

2）氨氮产生量削减情况。

氨氮作为我国污染物监测中的一项重要指标，对人体以及生态环境的危害较为显著。氨在自然环境中会进行氨的硝化过程，即有机物的生物分解转化环节，氨化作用将复杂有机物转换为氨氮。氨氮在水体中硝化作用的产物硝酸盐和亚硝酸盐对饮用水有很大危害。饮用硝酸盐和亚硝酸盐浓度高的水可能会对人体造成两种健康危害，长期饮用对身体极为不利，即诱发高铁血红蛋白症和致癌。硝酸盐在胃肠道细菌作用下，可还原成亚硝酸盐，亚硝酸盐可与血红蛋白结合形成高铁血红蛋白，造成缺氧。

氨氮对水生生物起危害作用的主要是游离氨，其毒性比铵盐大几十倍，并随碱性的增强而增大。氨氮毒性与池水的 pH 及水温有密切关系，一般情况下，pH 与水温越高，毒性越强，对鱼的危害类似于亚硝酸盐。慢性氨氮中毒会导致摄食降低、生长减慢、组织损伤，使水生生物长期处于应激状态，增加动物对疾病的易感性等；急性氨氮中毒危害表现为水生生物亢奋、在水中丧失平衡、抽搐，严重者甚至死亡。因此无论从人体还是生态环境的角度来讲，氨氮都是需要重点关注的污染物之一。“十三五”期间，我国通过实施清洁生产总计实现削减氨氮 46 938.16 吨，总体呈波动上升趋势，如图 4-15 所示。

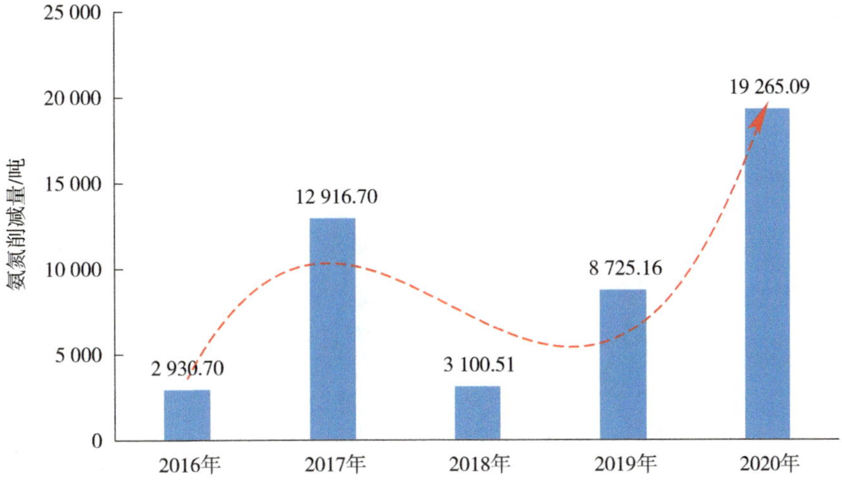

图 4-15 "十三五"期间我国实施清洁生产实现氨氮削减量情况

（2）废气产生量削减

1）二氧化硫产生量削减情况。

二氧化硫是最常见的硫氧化物，是硫酸原料气的主要成分。二氧化硫为无色气体，有强烈刺激性气味，是大气主要污染物之一。在许多工业过程中会产生二氧化硫，由于煤和石油通常都含有硫化合物，因此燃烧时会生成二氧化硫。当二氧化硫溶于水时，会形成亚硫酸（酸雨的主要成分）。

二氧化硫具有强烈的刺激性，对人体呼吸道黏膜、鼻腔、咽部包括眼睛都会产生损害。并且，这种损伤不是一时的，因为二氧化硫的附着性较强，会在呼吸道大量驻留造成堵塞，同时自身的有害物质会不断侵入黏膜，对人体肺部进行持续性的刺激和伤害。

"十三五"期间，我国工业企业通过改进生产工艺流程、推广原煤脱硫技术、优先使用低硫燃料以及安装脱硫设施等一系列措施削减了大量二氧化硫产生量，据统计，"十三五"期间我国二氧化硫削减量为 658 662.77 吨，如图 4-16 所示。

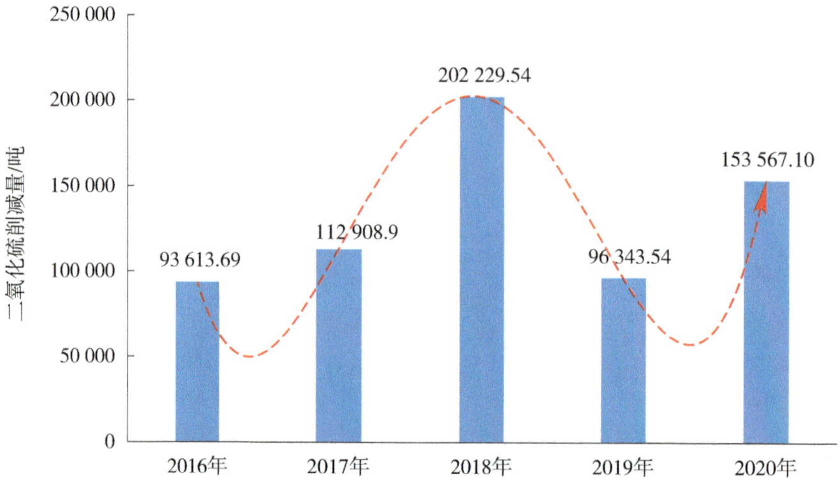

图 4-16 "十三五"期间我国实施清洁生产实现二氧化硫削减量情况

2）氮氧化物产生量削减情况。

NO_2是自然循环的重要部分，是生命圈中不可缺少的一环，大气中天然形成的全世界每年由于雷电、森林火灾，火山爆发以及细菌对含氮有机物的分解作用所生成的氮氧化物达 5 亿吨之多。而人类生产和生活活动产生的氮氧化物达上万吨，但是，人为排放的氮氧化物浓度高，排放多集中在城市、工业区等人口密集的地区，因而造成的危害更大。人类生产活动中，由燃料燃烧产生的NO_2约占 90% 以上，如电厂锅炉、各种工业炉窑，机动车及其他内燃机燃料高温燃烧时，参与燃烧的空气中的N_2和氧生成NO_2，燃料中含氮有机物氧化也生成NO_2；另外，一些化工生产过程，如硝酸生产、硝化过程，金属和非金属表面的硝酸处理过程，催化剂制造及金属高温焊接，含氮化合物的化工过程中由于吸收不完全和设备的泄漏，都可能产生一定量的NO_2排放至大气中。

据统计，"十三五"期间我国通过实施清洁生产，从工艺流程以及污染物治理等多方面入手，实现氮氧化物削减达到 521 479.82 吨，如图 4-17 所示。

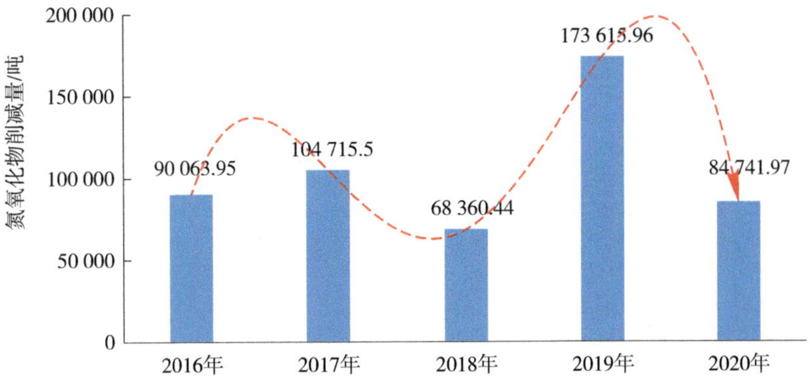

图 4-17 "十三五"期间我国实施清洁生产实现氮氧化物削减量情况

4.3.2 清洁生产审核实现的资源节约情况及减碳效果

（1）节约电力情况

消耗电能导致温室气体排放的计算较为简单，根据用电量乘以所在区域国家电网公布的排放因子系数即可计算得出区域电力消耗产生的 CO_2 排放量。生态环境部应对气候变化司每年都会公布年度减排项目中国区域电网基准线排放因子，将电网边界统一划分为华北、东北、华东、华中、西北和南方区域电网，不包括西藏自治区、香港特别行政区、澳门特别行政区和台湾省。电网边界包括的地理范围见表 4-3。

表 4-3 区域电网覆盖省份

电网名称	覆盖省份
华北区域电网	北京市、天津市、河北省、山西省、山东省、内蒙古自治区
东北区域电网	辽宁省、吉林省、黑龙江省
华东区域电网	上海市、江苏省、浙江省、安徽省、福建省
华中区域电网	河南省、湖北省、湖南省、江西省、四川省、重庆市
西北区域电网	陕西省、甘肃省、青海省、宁夏回族自治区、新疆维吾尔自治区
南方区域电网	广东省、广西壮族自治区、云南省、贵州省、海南省

截至目前，生态环境部已陆续更新了 2006—2019 年的年度减排项目中国区域电网基准线排放因子，2020 年相关数据尚未公布，因此 2020 年的排放因子暂时参考 2019 年（表 4-4）。

表 4-4 "十三五"期间年度减排项目中国区域电网基准线排放因子

单位：吨 CO_2/（兆瓦·时）

电网名称	$EF_{grid, OM Simple, y}$					$EF_{grid, BM, y}$				
	2016 年	2017 年	2018 年	2019 年	2020 年	2016 年	2017 年	2018 年	2019 年	2020 年
华北区域电网	1.000 0	0.968 0	0.945 5	0.941 9	0.941 9	0.450 6	0.457 8	0.470 6	0.481 9	0.481 9
东北区域电网	1.117 1	1.108 2	1.092 5	1.082 6	1.082 6	0.442 5	0.331 0	0.263 1	0.239 9	0.239 9
华东区域电网	0.808 6	0.804 6	0.793 7	0.239 9	0.239 9	0.548 3	0.492 3	0.383 4	0.239 9	0.239 9
华中区域电网	0.922 9	0.901 4	0.877 0	0.239 9	0.239 9	0.307 1	0.311 2	0.265 8	0.285 4	0.285 4
西北区域电网	0.931 6	0.915 5	0.898 4	0.892 2	0.892 2	0.346 7	0.323 2	0.387 6	0.440 7	0.440 7
南方区域电网	0.867 6	0.836 7	0.809 4	0.440 7	0.440 7	0.307 1	0.247 6	0.196 3	0.213 5	0.213 5

由表 4-4 可知，中国区域电网二氧化碳基准线排放因子有 OM 计算方法以及 BM 计算方法。OM 计算方法基于电力系统中所有电厂（不包括低运行成本 / 必须运行机组）的总净发电量、燃料类型及燃料消耗量来计算，所有数据来源于历年的《中国能源统计年鉴》和《公共机构能源消耗统计制度》（国务院机关事务管理局制定，国家统计局审批，2017 年 7 月）；电厂用电率数据来源于历年《中国电力年鉴》；电网间电量交换数据来源于《电力工业统计资料汇编》；燃料的 CO_2 排放因子来源于《2006 年 IPCC 国家清单编制指南》能源卷第一章表 1.4，并按保守性原则取各燃料排放因子的 95% 置信区间下限值。

BM 计算方法是根据《电力系统排放因子计算工具》（第 07.0 版），BM 可按 *m* 个样本机组排放因子的供电量加权平均求得。计算 BM 所用到的历年各省、自治区、直辖市分技术的新增机组装机容量、发电利用小时数等数据主要来源于历年《中国电力年鉴》，新增机组的供电煤耗数据来源于《电力工业统计资料汇编》。因 BM 计算方法受限于样本数据，故本节将采用 OM 计算法来计算全国由节约电力而减少的二氧化碳排放量。

经过数据统计以及计算，"十三五"期间我国各区域电网节约电力情况如表 4-5 所示。

表 4-5 "十三五"期间我国各区域电网节约电力情况　　单位：兆瓦·时

	年份	华北区域电网	东北区域电网	华东区域电网	华中区域电网	西北区域电网	南方区域电网	小计
节约电力情况	2016	4 716 555	235 932	1 001 636	7 062 827	37 912	393 606	13 448 468
	2017	700 693	155 044	1 042 850	358 412	138 324	610 382	3 005 705
	2018	809 795	83 313	498 081	554 088	52 613	472 412	2 470 302
	2019	939 098	421 819	929 597	1 240 703	211 183	524 531	4 266 931
	2020	566 631	89 036	620 091	1 094 469	696 244	207 829	3 274 300
	合计							26 465 706

将每个区域节约电力情况与该区域电网基准线排放因子相乘可得我国各区域因节约电力减少二氧化碳排放总量，详细数据如图 4-18 所示。经计算得出，2016—2020 年我国因节约电力减少二氧化碳排放量总计 2 153.79 万吨。

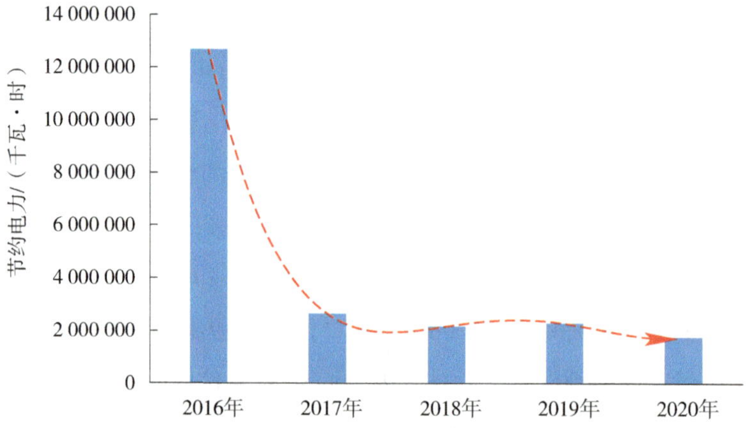

图 4-18 "十三五"期间全国通过清洁生产节约电力情况

由图 4-18 可以直观地看到，2016 年因节约电力使得二氧化碳减排量数值较高，主要是由于当年江西省关停了数家光伏企业，使得全省节约电力直线上升，2016 年仅江西省实现节电 626 135 万千瓦·时。除此之外，2017—2020 年全国电力消耗节约量较为均衡，平均每年通过节电减少的碳排放量在 200 万吨左右。

（2）节约煤炭情况

根据"十三五"期间我国 31 个省（区、市）和新疆生产建设兵团上报的各省份开展清洁生产审核相关数据，汇总分析可得我国全国范围内节约煤炭情况，如图 4-19 所示。由于 2016 年和 2017 年并未系统统计各省份煤炭消耗量削减情况，因此该部分数据仅有 2018—2020 年的数据可供参考。从现有数据中我们仍可以看出，随着生态环境保护理念以及"双碳"理念的普及，全国范围内逐渐减少煤炭的使用量，逐步替换为清洁能源（如天然气）。中国自 2016 年签署《巴黎协定》以来，一直在持之不懈地推进产业结构调整、节能与提高能效、优化能源结构、开发利用新能源、控制非能源活动温室气体排放、增加森林碳汇等，努力控制温室气体排放。其中在能源结构调整方面，由于我国资源禀赋的特点，能源供给体系以化石能源为主，而二氧化碳排放主要来自化石能源消费，化石能源消费中煤炭排放占 76.6%。因此，减少碳排放的重点之一是减少化石能源消费，尤其是要降低煤炭消费。

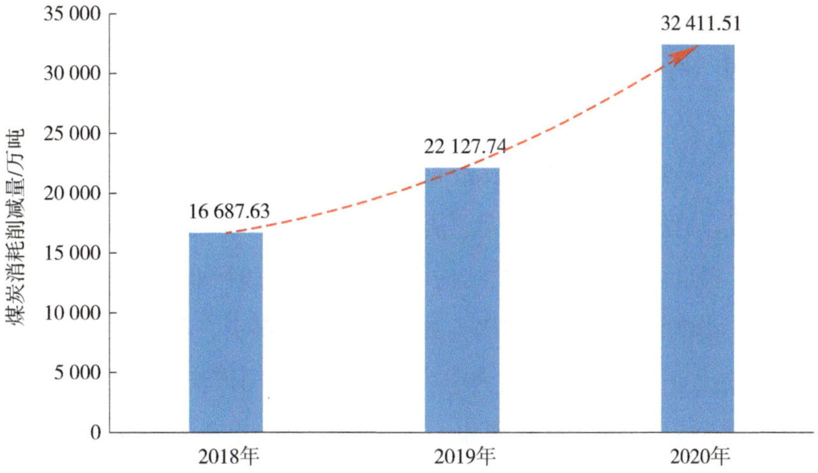

图 4-19 "十三五"期间我国通过清洁生产实现煤炭消耗削减趋势

标准煤的热值是 7 000 千卡 / 千克，1 卡 = 4.186 8 焦，7 000 千卡 = 29 307.6 千焦，转换成国际单位就是 7 000 千卡 =29.307 6 吉焦 / 吨。根据 IPCC 数据库，典型煤种（如褐煤、焦煤）的碳含量为 25.8 千克 / 吉焦，碳氧化成二氧化碳分子量由 12 变成 44，相应的二氧化碳排放因子计算得：25.8 千克 C/ 吉焦 × 44 ÷ 12 × 100%=94.6 千克 CO_2/ 吉焦。因此标准煤的 CO_2 排放因子计算得：29.307 6 吉焦 / 吨 ×94.6 千克 CO_2/ 吉焦 ÷1 000=2.772 5 吨 CO_2/ 吨 ce。本节粗略地将我国各省份节约煤炭量按照标准煤计算，可得出全国范围通过节约煤炭资源减少的二氧化碳排放量约为 1 974 765 248 吨，见表 4-6。

表 4-6 "十三五"期间我国通过节煤实现减碳量

年份	煤炭节约量 / 万吨	二氧化碳排放因子 / （吨 CO_2/ 吨 ce）	减碳量 / 吨
2016	0	2.772 5	0
2017	0		0
2018	16 687.63		462 664 541.8
2019	22 127.74		613 491 591.5
2020	32 411.51		898 609 114.8
合计	71 226.88		1 974 765 248

（3）节约天然气情况

我国能源结构中，化石能源消费主要包括煤炭、石油以及天然气，其中天然气消费占比约为6.4%。天然气作为一种清洁能源，能减少二氧化硫和粉尘排放量近100%，减少二氧化碳排放量60%和氮氧化合物排放量50%，并有助于减少酸雨形成，舒缓地球温室效应，从根本上改善环境质量。

"十三五"期间，能源碳排放结构明显改善，高碳行业增速回落，煤炭、石油和天然气三类能源的碳排放结构不断优化调整，煤炭、石油碳排放比重下降，天然气碳排放比重上升的趋势较为明显。2000年我国煤炭、石油、天然气碳排放量占比分别为71.58%、19.35%和1.78%，到2020年变为71.11%、14.93%和5.83%。随着产业布局和能耗"双控"政策的实施，五大高碳行业增速回落，减碳效果明显。

由于2016—2017年我国清洁生产审核工作并未系统统计节约天然气情况，因此本节只分析2018—2020年我国通过清洁生产相关工作节约天然气情况，详情如图4-20所示。

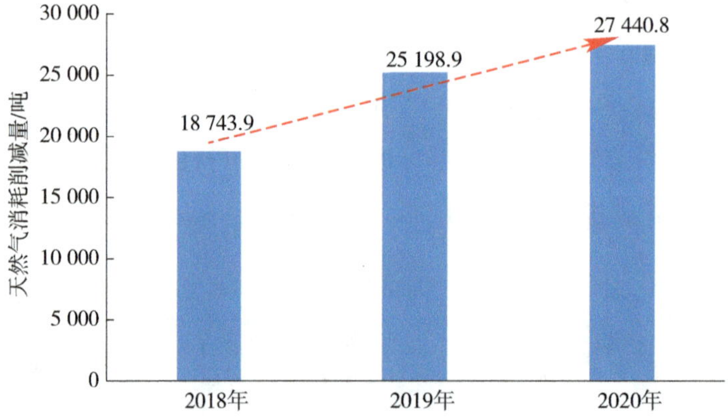

图4-20 "十三五"期间我国通过清洁生产实现天然气消耗削减量

根据《综合能耗计算通则》（GB/T 2589—2020）中"表A.1 各种能源折标准煤系数（参考值）"可以得知，天然气的低位发热值为32 238～38 979千焦/米^3（7 700～9 310千卡/米^3），折标准煤系数为1.100 0～1.330 0千克ce/米^3。根据我国31个省（区、市）和新疆生产建设兵团上报的有关数据汇总可以得知，全国范围通过开展清洁生产审核节约天然气总量达到 71 383.6 万米³。保守估计，折标准煤系数采用 1.100 0 千克 ce/ 米³可以计算得到全国范围总计节约标准煤 78 521.96 万吨。根据上一节标准煤折合二氧化碳排放量计算公式可知，全国范围通过节约天然气使用量减少二氧化碳排放量 217 702.13 万吨，见表 4-7。

表 4-7 "十三五"期间我国通过节约天然气实现减碳量

年份	天然气节约量 / 万米³	折合标准煤系数 / （千克 ce/ 米³）	二氧化碳排放因子 / （吨 CO_2/ 吨 ce）	减碳量 / 吨
2016	0	1.100 0	2.772 5	0
2017	0			0
2018	18 743.9			571 642 090.3
2019	25 198.9			768 503 452.8
2020	27 440.8			836 875 798
合计	71 383.6			2 177 021 341

（4）节约原油情况

"十三五"期间，我国成品油实际产量从 3.67 亿吨增长至 4.26 亿吨，年均增幅达 4.1%；表观消费量从 5.57 亿吨增长至 7 亿吨，年均增长 5.4%。石油市场呈现规模不断扩大、需求增速转轨、出口快速发展、市场化程度加快等新特征。其间，因国内需求增加拉动石油净进口增长迅速，导致石油对外依存度逐年增加。2016—2020 年，我国石油对外依存度从 64.2% 增长至 72.2%，年均增长 1.6 个百分点。在我国石油需求日渐增长的背景下，我国各行各业秉承节能降耗减污增效的清洁生产理念，积极开展清洁生产审核，在节约石油使用量方面做出了重要贡献。

据不完全统计，2018—2020 年我国各省份通过实施清洁生产审核总计减少原油使用量达到 2 660 263 吨。根据《综合能耗计算通则》（GB/T 2589—2020）中"表 A.1 各种能源折标准煤系数（参考值）"可以得知，原油的平均低位发热值为 41 868 千焦 / 千克（10 000 千卡 / 千克），折合标准煤系数为 1.428 6 千克 ce/ 米³。经计算可得全国范围总计节约原油折合标准煤 3 800 451.72 吨。根据上一节标准煤折合二氧化碳排放量计算公式可知，3 800 451.72 吨 ×2.772 5 吨 CO_2/ 吨 ce=10 536 752.4 吨，因此全国范围内通过节约原油减少二氧化碳排放量 10 536 752.4 吨。

4.4 小结

“十三五”期间，我国通过实施清洁生产审核在节约资源能源方面效果显著。据不完全统计，我国实现节电 26 465 706 兆瓦·时，减少二氧化碳排放量 2 153.79 万吨；节约煤炭资源 71 226.88 万吨，减少二氧化碳排放量 197 476.52 万吨；节约天然气 71 383.6 万米^3，减少二氧化碳排放量 217 702.13 万吨；节约原油 2 660 263 吨，减少二氧化碳排放量 1 053.68 万吨，此外，我国通过技改项目改善工艺、修复破损管道防止跑、冒、滴、漏等一系列措施实现节约水资源 212 839.85 万吨。我国各行各业通过开展清洁生产相关工作，不仅节约了大量的资源能源，也为企业带来了较为可观的经济效益。据统计，“十三五”期间我国清洁生产工作总计产生经济效益 1 412.97 亿元，在很大程度上提高了企业主动承担环境责任、主动开展清洁生产审核的积极性。

5

“十三五”重点行业清洁生产进展

Cleaner production progress in key industries during the “13th Five-Year Plan” period

5.1 钢铁行业清洁生产进展

5.1.1 钢铁行业发展现状和趋势

中国钢铁工业以满足国内需求为目的，强而有力地支撑了国家建设。随着中国经济由高速转向中高速增长和经济结构的优化，中国钢铁工业将进一步发挥市场在资源配置中的决定性作用，不断完善公平竞争市场秩序，努力化解过剩产能，持续推进改革创新、转型升级和绿色发展。

（1）产量情况

钢铁工业是基础性的原材料行业，作为国民经济的重要基础产业，支撑着国民经济的快速发展。2000—2020 年我国生铁、粗钢、钢材产量及变化情况如图 5-1 所示。由图可见，2000—2010 年，粗钢产量由 1.2 亿吨迅速增长到 6.3 亿吨，平均增长率高达 18.6%。"十二五"期间（2011—2015 年），我国粗钢产量同比增速整体放缓，并在 2015 年首次出现下降，同比降低了 2.3%。这说明在经济增速换挡、去产能的大背景下，下游行业需求的降低对钢铁行业的影响显著，同时"去产能、降产量"的行动已取得初步成效。

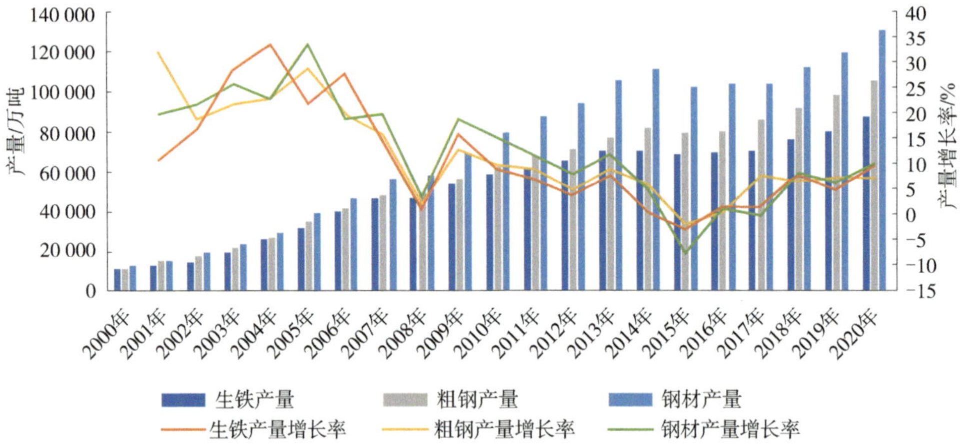

图 5-1　2000—2020 年我国主要钢铁产品产量及变化趋势

数据来源：国家统计局

2016—2019 年，作为供给侧结构性改革的先行者，钢铁工业以壮士断腕的勇气和决心，用 3 年时间压减过剩产能 1.5 亿吨以上，全面出清 1.4 亿吨“地条钢”，提前两年完成了“十三五”压减过剩产能的任务目标。过剩产能的压减和“地条钢”产能的全面退出，从根本上扭转了“劣币驱逐良币”现象，有效净化了市场环境，统计内合规产能开始快速释放，粗钢产量在 2017 年出现反弹。2019 年钢铁行业共 5 113 家生产企业，粗钢产量达到 99 541 万吨。2016 年“去产能”政策实施以来，2016—2020 年，中国粗钢产量分别为 8.08 亿吨、8.71 亿吨、9.28 亿吨、9.95 亿吨和 10.65 亿吨，同比分别增长 7.8%、6.6%、7.3% 和 7.0%。

2020 年我国粗钢产量达到 10.65 亿吨，同比增长 7.0%；生铁产量为 8.88 亿吨，同比增长 9.8%；钢材产量 13.25 亿吨，同比增长 10.0%，粗钢、生铁和钢材产量均创历史新高。2019 年中国粗钢表观消费量约为 9.42 亿吨，同比增长 9.4%。

（2）消费情况

2010 年是控杠杆年份，四季度货币政策首次收紧，粗钢表观消费量增长率开始放缓。但房地产市场火热，钢铁行业形式整体供需两旺。此外，由于

"十一五"规划中保障性住房等政策的推进，钢材市场整体需求呈现高景气，粗钢表观消费量稳中有升。"十二五"期间，随着国家转型发展和产业升级，消费对经济增长的拉动作用增强，钢材消费强度下降，钢材需求增速逐步放缓，我国正由以数量增长为主转向以品种质量提升为主。2013 年是粗钢表观消费峰值年，达 7.63 亿吨。2014 年，粗钢表观消费量为 7.45 亿吨，同比下降 3.03%。2015 年，粗钢表观消费量为 7 亿吨，同比下降 5.34%，降幅进一步增大。我国历年粗钢表观消费量情况见图 5-2。

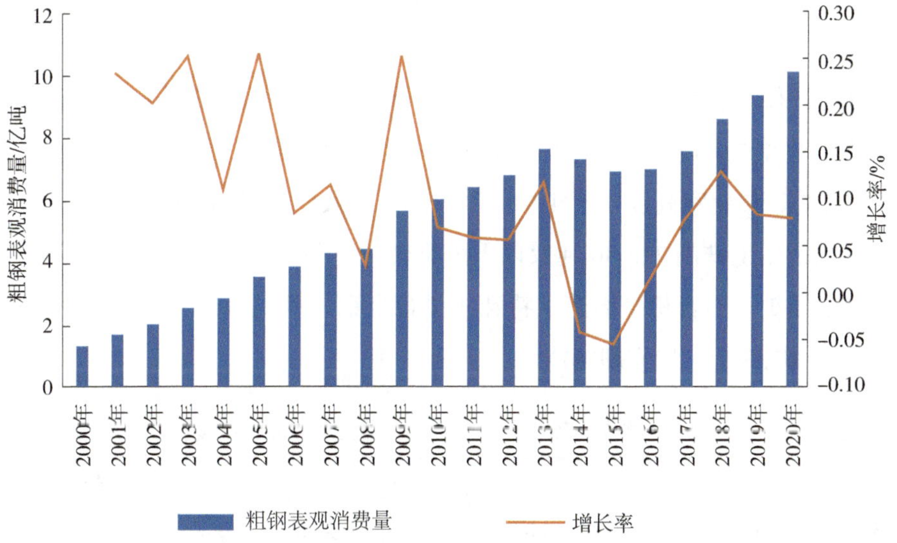

图 5-2　2000—2020 年我国粗钢表观消费量变化情况

数据来源：国家统计局

"十三五"以来，市场形势好转，需求复苏，在宏观政策的作用下，国民经济呈逐步恢复态势，随着复工复产、稳经济政策逐步发力，重大项目投资启动，机械、汽车、家电等下游行业快速复苏，粗钢表观消费量逐渐回升。2020 年粗钢表观消费量为 10.2 亿吨，同比增长 8.2%，年均增长 5.7%。

（3）工艺装备情况

2000 年我国重点大中型钢铁企业合计拥有高炉 243 座，转炉 212 座，除个别平炉因特殊情况尚未关停外，基本实现全行业淘汰平炉。由于管理体制以及观念等方面的原因，全国范围内还存在一定量的土焦、土烧结、小高炉、小电炉和小轧钢，落后工艺技术和装备还占有相当的比重。随着行业的不断发展，我国钢铁企业生产装备总体上向大型化趋势发展，近年来装备水平有了较大提高。截至2019年年底，我国重点钢铁企业拥有高炉534座，其中1 000米^{3}以上大型高炉321座，3 000米^{3}以上的大型高炉座数从2014年的39座增加到2019年的46座；全国重点钢铁企业拥有大约536座转炉，其中100吨及以上转炉338座，100吨及以下转炉198座，其中50吨以下转炉仅剩4座。从2019年不同装备水平转炉生产能力来看，目前100～199吨转炉是转炉炼钢生产的主力炉型。

目前，我国钢铁企业仍然存有落后水平的生产装备（见表5-1中黄色部分）。根据《产业结构调整目录（2019年）》①，全国90米^{2}以下烧结机，8米^{2}以下球团竖炉，炭化室高度小于4.3米焦炉（3.8米及以上捣固焦炉除外），400米^{3}及以下炼钢用生铁高炉，30吨及以下炼钢转炉（不含铁合金转炉），30吨及以下炼钢电弧炉（不含机械铸造，特殊质量合金钢，高温合金、精密合金等特殊合金材料用电弧炉）应立即淘汰。

表5-1　中国钢铁工业协会会员企业主要专业生产设备

设备名称、规格	计量单位	2018年		2019年	
		设备安装数量	设备年末安装生产能力/万吨	设备安装数量	设备年末安装生产能力/万吨
一、机械化焦炉	座	285	15 444	278	15 242
65孔及以上	座	63	4 054	62	4 162
27～64孔	座	222	11 390	216	11 080
26孔及以下	座	0	0	0	0
二、烧结机	台	427	99 680	425	102 172
130米^{2}及以上	台	308	86 598	316	89 852
90～129米^2	台	113	12 827	107	1 220

① 《产业结构调整目录（2019年）》。

续表

设备名称、规格	计量单位	2018 年		2019 年	
		设备安装数量	设备年末安装生产能力 / 万吨	设备安装数量	设备年末安装生产能力 / 万吨
36～89 米²	台	6	255	2	120
35 米² 及以下	台	0	0	0	0
三、炼铁高炉	座	536	65 811	534	67 319
5 000 米³ 及以上	座	6	2 576	8	3 430
4 000～4 999 米³	座	17	6 042	17	6 042
3 000～3 999 米³	座	20	5 222	21	5 472
2 000～2 999 米³	座	70	13 931	69	13 816
1 000～1 999 米³	座	204	23 996	206	24 864
400～999 米³	座	214	13 878	208	13 529
399 米³ 及以下	座	5	166	5	166
四、炼钢设备					
（一）转炉	座	535	67 767	536	69 205
300 吨及以上	座	14	4 550	14	4 550
200～299 吨	座	39	8 109	44	8 998
100～199 吨	座	275	37 744	280	38 642
50～99 吨	座	203	17 174	194	16 825
49 吨及以下	座	4	190	4	190
（二）电弧炉	座	103	4 583	107	4 829
100 吨及以上	座	18	1 784	19	1 904
30～99 吨	座	57	2 712	63	2 895
29 吨及以下	座	28	87	25	30

数据来源：《2020 年中国钢铁工业年鉴》。

（4）钢铁生产技术情况

钢铁工业为国民经济的快速发展提供了有力支撑，新技术、新工艺的应用在其中起到了关键性的作用。目前，我国钢铁企业已逐渐掌握大高炉炼铁、转炉炼钢、炉外精炼、无缝钢管等先进技术。“十三五”期间，超大型焦炉技术装备、高炉高球团比冶炼、绿色高效电渣重熔、热轧板带材表面氧化控制等关键技术的研发和应用，进一步提升了中国钢铁的制造水平，与此同时，薄带铸轧、低碳冶金等前沿技术也得到了一定程度的探索。我国钢铁行业的技术水平，尤其是部分重点钢铁企业的技术水平以及创新能力已迈入国际先进行列。我国钢铁工业已基本实现焦化、炼铁、炼钢、连铸、轧钢等主体工序技术装备的国产化，大型冶金设备国产化率可达 95% 以上。随着“一带一路”项目的开展，我国钢铁工业还为河钢塞钢、德龙钢铁印度尼西亚德信综合钢厂、盛隆冶金马中关丹产业园综合钢厂等海外钢铁企业提供技术支持，中国钢铁技术的成果成功与世界共享。

5.1.2 钢铁行业发展面临的问题

（1）供给侧结构性改革成果不稳定

尽管目前钢铁行业已化解 1.55 亿吨过剩产能，取缔了 1.4 亿吨“地条钢”，但随着行业效益大幅提高，钢材价格维持高位运行，钢铁企业存在满负荷或超负荷生产情况，甚至有新增产能的冲动。

（2）产业结构优化程度不足

长期以来，我国钢铁行业结构分散、产业集中度低等问题始终存在，导致在化解过剩产能、行业平稳运行、产业布局调整、技术研发创新、节能降耗等方面推进难度大，制约了行业健康环保发展。

（3）绿色发展不平衡

近年来，钢铁工业吨钢综合能耗指标、吨钢污染物排放指标呈逐年下降的趋势，涌现出一批节能环保水平先进的绿色领跑企业，但钢企之间环保水平差距较大，实现全流程超低排放改造的企业占比不大，普遍存在无组织排放治理难、清洁运输比例低、管理水平不到位等问题，环保压力依然较大。

（4）固废资源利用水平有待提高

当前我国钢铁企业普遍存在固废回收利用管理分散、归属不清，固废利用途径及流向、固废回收利用过程监管不完善等问题，固废利用精细化水平亟待提升。我国虽然制定了固废利用产品税费减免等优惠政策，但是由于固废利用产品认证和优惠政策落地困难等，企业对固废进行高水平综合利用的积极性不高。

此外，还存在固废资源化利用技术单一、产品附加值低、低成本高效化利用技术缺乏等问题，钢渣等大宗固废主要用于制作建材产品、工程回填和铺路等领域，西部地区的钢渣受下游建材市场有限等影响，普遍处于堆存状态而无法实现资源化利用，需要进一步推进深度综合利用技术。

（5）自主创新能力不足，智能制造体系不成熟

钢铁工业创新能力与发达国家相比仍有较大差距，创新研发投入不足，一直以来都未能完成 1.5% 以上的目标，2019 年研发投入仅为 1.26%。一些"卡脖子"技术和关键材料仍未实现国产化，需要购入国外专利和材料。一些智能化设备、生产过程自动控制系统等关键技术亟待突破创新，要加强对智能设备、智能系统核心知识的掌握。

（6）循环经济概念重视不足

钢铁工业生产本身和发展循环经济所蕴含的绿色价值，尚未得到正确评估和充分挖掘。各产业间的政策和利益壁垒，也制约着钢铁循环经济的进一步发展。同时，钢企服务城市、服务社会的潜力等方面，仍需要政府发挥更加积极的作用，如国家对钢铁余热余能发电非常支持，但在发电上网时受发电指标的限制；在高炉渣替代砂石、钢渣微粉提高水泥性能等方面缺乏支持政策。钢铁行业需要更高的站位和更高的生态文明建设水平来构建产业生态圈。

5.1.3 "十三五"钢铁行业清洁生产进展

"十三五"期间，钢铁行业重点围绕"调结构、优布局、控能耗、减排放"几大方面，大力推进清洁生产。2018 年正式发布的钢铁行业清洁生产评价指标

体系涵盖生产工艺与装备要求、资源能源利用指标、产品指标、污染物产生指标、废物回收利用指标和环境管理要求等方面，钢铁行业环境保护工作在新形势下取得了显著成绩。

（1）节能降耗成效显著

“十三五”期间，钢铁行业节能降耗取得了显著成绩。以烧结废气余热回收利用、高温高压煤气发电机组、高炉炉顶均压煤气回收、高炉冲渣水余热回收、加热炉蓄热式燃烧技术等为代表的节能技术在行业内广泛应用。

2018 年重点统计企业吨钢综合能耗达到 543.04 千克标准煤，提前完成“十三五”吨钢综合能耗规划目标 560 千克标准煤。2020 年上半年我国重点统计企业吨钢综合能耗为 545.27 千克标准煤，较 2015 年的 575.08 千克标准煤下降 5.2%。2015—2020 年粗钢产量及重点统计企业吨钢综合能耗变化如图 5-3 所示。

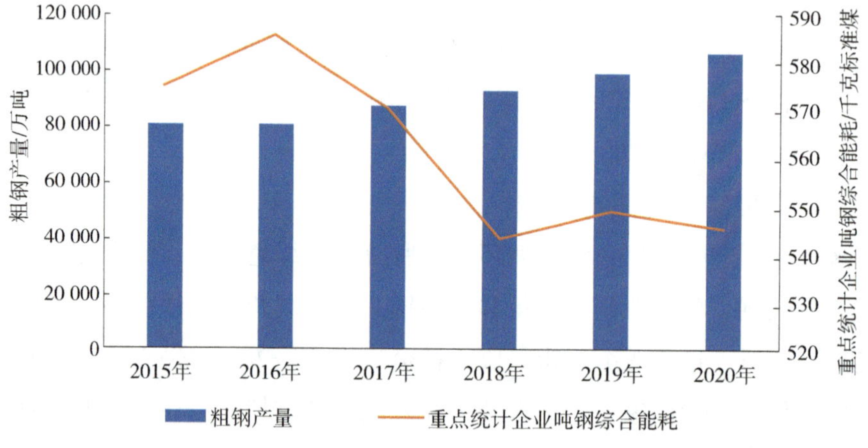

图 5-3 2015—2020 年粗钢产量及重点统计企业吨钢综合能耗变化

数据来源：中国钢铁工业协会。

“十三五”以来，钢铁行业大力提升用水管理水平，积极采用先进节水技术装备，用水和节水工作达到历史最好水平。2020 年钢铁行业重点统计企业吨钢耗新水量降至 2.53 米^3/ 吨 -s，较 2015 年下降 28%；水重复利用率为 98.03%，较 2015 年提高了近 1 个百分点。2015—2020 年重点统计企业吨钢耗新水量及重复利用率变化如图 5-4 所示。

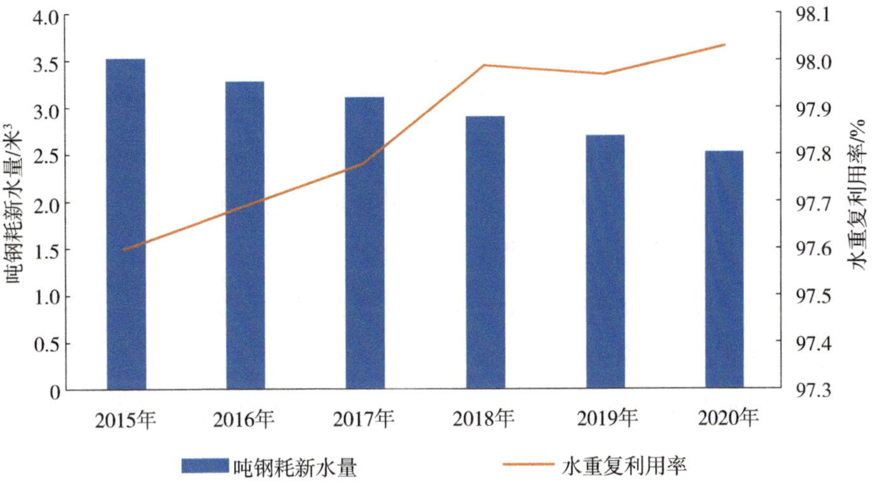

图 5-4　2015-2020 年重点统计企业吨钢耗新水量及水重复利用率变化

数据来源：中国钢铁工业协会。

"十三五"期间，钢铁行业遵循煤气应收尽收原则，扩大煤气回收范围，减少煤气放散，煤气回收和利用率多年来保持较高水平。其中高炉煤气利用率由 2015 年的 97.89% 提升至 2020 年的 98.08%，转炉煤气利用率由 2015 年的 97.29% 提升至 2019 年的 98.61%。焦炉煤气利用率由 2015 年的 98.39% 提升至 2018 年的 98.97% 后，2019—2020 年利用率稍有下降。2015—2020 年重点统计企业煤气利用率情况见表 5-2。

表 5-2　2015—2020 年重点统计企业煤气利用率　　单位：%

项目	2015 年	2016 年	2017 年	2018 年	2019 年	2020 年
焦炉煤气利用率	98.39	98.59	98.64	98.97	98.52	98.25
高炉煤气利用率	97.89	98.39	98.32	98.55	98.98	98.08
转炉煤气利用率	97.29	97.52	98.58	98.67	98.61	98.61

数据来源：《中国钢铁工业环境保护统计》。

（2）行业环境绩效与治理水平明显提升

“十三五”以来，国家环境保护管理要求日趋严格，京津冀、长三角、汾渭平原等重点区域的钢铁企业全面开展废气超低排放改造工作。烧结烟气循环、无组织管控治一体化协同控制、高炉均压放散煤气回收、烧结机头烟气脱硫脱硝、智慧炼钢、热轧带钢无头轧制等清洁生产技术涌现，从源头减量、过程控制与末端治理等全流程促进减污降碳，提升能源利用水平，为下一阶段贯彻减污降碳、提质增效的核心要求提供了有力保障。

相较 2015 年，2020 年中国重点钢铁企业颗粒物、二氧化硫、氮氧化物等主要废气污染物排放强度分别下降 56%、65%、40%。

2015—2020 年中国重点钢铁企业主要废气污染物排放量如图 5-5 所示。

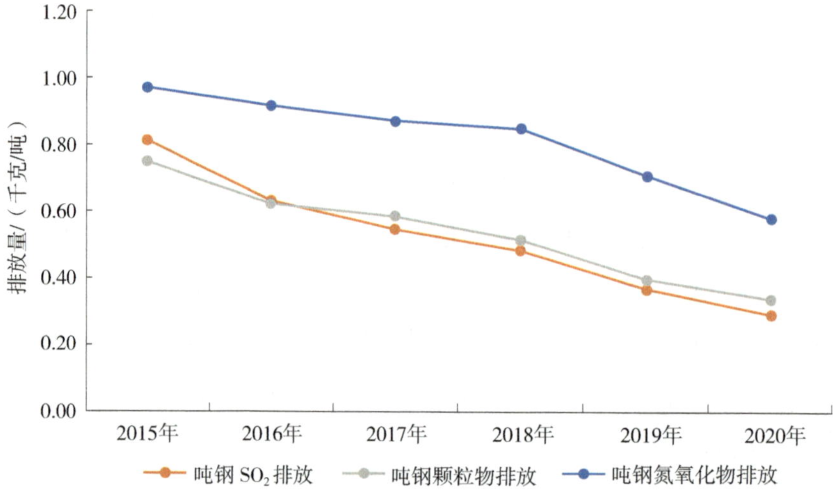

图 5-5　2015—2020 年中国重点钢铁企业吨钢废气污染物排放量变化

数据来源：中国钢铁工业协会。

2015—2020 年中国重点钢铁企业吨钢化学需氧量排放量和吨钢氨氮排放量如图 5-6 所示。由图可知，2015—2020 年吨钢化学需氧量呈稳定下降趋势，且降幅明显，由 2015 年的 0.025 千克 / 吨下降至 2020 年的 0.01 千克 / 吨，降幅为 60%。吨钢氨氮排放量多年维持在 0.002 千克 / 吨的排放水平，2020 年降至 0.000 6 千克 / 吨。

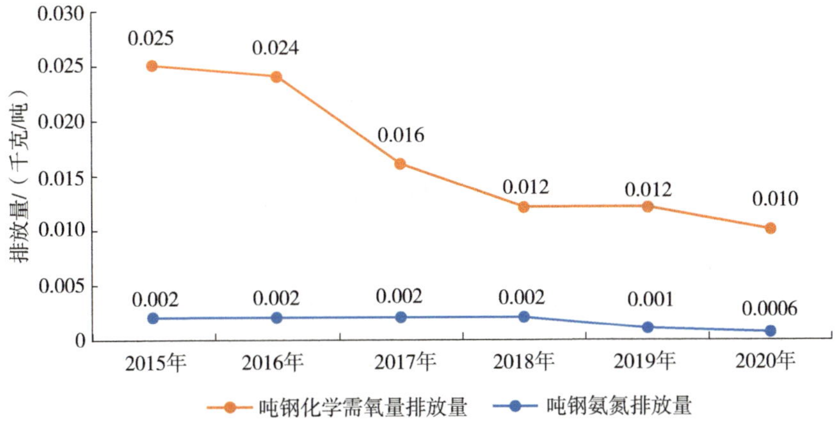

图 5-6　2015—2020 年中国重点钢铁企业吨钢化学需氧量和氨氮排放量变化

数据来源：中国钢铁工业协会。

（3）资源综合利用情况稳中有进

2015—2018 年中国重点统计钢铁企业钢渣和高炉渣产生量呈先降后升的趋势。钢渣产生量由 2015 年的 7 248.67 万吨增长到 2018 年的 7 772.96 万吨，增幅达 7.23%；高炉渣产生量由 2015 年的 19 375.52 万吨增长到 2018 年的 20 364.13 万吨，增幅为 5.10%；含铁尘泥产生量由 2015 年的 3 919.8 万吨减少到 2018 年的 3 403.16 万吨，降幅为 13.2%。

"十三五"以来，钢铁行业积极推动冶金渣高效利用，固体废物综合利用率进一步提高。2018 年，重点统计企业钢渣利用率为 97.82%，较 2015 年提高了近 2 个百分点；高炉渣利用率为 98.10%，较 2015 年提高了近 5 个百分点；含铁尘泥也保持在较高利用率水平。2020 年，钢渣、高炉渣和含铁尘泥利用率分别为 99.40%、99.52% 和 99.99%。2015—2020 年重点统计企业钢渣、高炉渣和含铁尘泥利用率见表 5-3。

表 5-3　2015—2020 年重点统计企业钢渣、高炉渣和含铁尘泥利用率　　单位：%

项目	2015 年	2016 年	2017 年	2018 年	2019 年	2020 年
钢渣利用率	95.94	95.01	96.69	97.82	98.60	99.40
高炉渣利用率	93.62	94.42	97.90	98.10	98.29	99.52
含铁尘泥利用率	99.77	100	99.88	99.65	99.62	99.99

数据来源：中国钢铁工业协会。

5.1.4 建议

长期以来，钢铁企业在节能降耗、资源高效利用、污染物减排等绿色发展方面做出了巨大努力。随着国家生态文明建设及绿色发展的加快、外部资源环境承载力的加大，钢铁工业发展将从数量阶段全面转向高质量发展阶段，形成产业结构合理、技术装备先进、智能化水平高、绿色可持续发展的行业格局。2021 年 10 月国家发展改革委、住房和城乡建设部等 10 部门联合发布的《“十四五”全国清洁生产推行方案》中，对钢铁行业绿色高质量发展也做出了相关要求。

（1）巩固去产能成果，落实“双控”工作

企业应严格执行《产业结构调整指导目录（2019 年版）》，全面淘汰落后工艺，严禁新增产能。新建项目严格实施产能等量或减量置换，新建、改建、扩建项目应采取先进适用的工艺技术和装备。应对标节能减排和碳达峰、碳中和目标，严格审核高耗能高排放项目，遏制“双高”项目的盲目发展。

（2）进一步提高产业集中度，优化产业结构

优化产业结构不仅要优化产业布局，更要优化企业结构和工艺流程结构，为实现高质量绿色发展奠定坚实基础。产业布局方面需要全国统筹考虑，形成行业共识，促进产业布局更加集聚化、生态化和区域个性化。企业结构和工艺流程结构优化方面，宝武集团通过兼并重组已成为全球最具竞争力的钢铁企业之一，建龙集团、德龙集团、中信特钢等也通过改变企业结构，为“混改”提供了成功示范案例。

（3）加快绿色化转型，发展低碳钢铁

继续推广应用和全面普及高效先进适用的节能环保工艺技术装备，提升行业整体能源效率和节能环保水平。全面完成原料场棚化、仓化，焦炉和烧结烟气脱硫脱硝，烧结烟气循环，高温高压干熄焦等改造，淘汰高炉煤气湿法除尘、转炉一次烟气传统湿法除尘等高耗水工艺装备。全面建成全厂能源管控系统和主要污染物排放的环保在线监控体系。研发推广先进节能环保技术，大力推进非高炉炼铁技术示范，推进全废钢电炉工艺。开展综合污水回用深度脱盐、竖

炉式烧结矿显热回收利用、可再生能源和清洁能源利用等节能环保难点技术示范专项活动。在钢铁产业集聚区，全面实施物流集中铁路运输方案，系统优化物流体系，减少物流过程中的无组织排放。逐步推进清洁电力、洁净型煤及可再生能源等清洁能源利用。积极应对气候变化，降低温室气体排放，推动钢铁行业清洁低碳发展。

（4）加大研发力度，加快智能钢铁发展

继续增强创新意识，持续增加研发投入。通过需求技术突破，解决"卡脖子"技术问题；通过对标国际先进钢企，提升钢铁产品质量；通过企业管理改革创新，使企业生产运行效率和资源能源利用效率提高。同时，加快推进产学研项目，加快科技创新成果市场化，实现自主保障。

钢铁行业实现高效率生产、现代化管理的必经之路是数字化智能化发展，应加快推进工业互联网、人工智能和大数据中心建设，打造领先的绿色数据中心。

在构建完整的钢铁产业数据信息服务体系的过程中，充分挖掘钢铁行业节能环保数据资源，搜集好数据、保护好数据、运用好数据，为企业生产经营、"对标挖潜"、决策分析提供更充分、更可靠的数据分析基础。从钢铁整个生态圈角度发挥各种力量的积极作用，共同创建有生命力的、与时代同步的、崭新的数据信息体系支撑绿色发展。

（5）深化创新清洁生产审核管理模式

鼓励各地因地制宜地探索推行企业清洁生产审核分级管理模式，激励企业开展自愿性清洁生产评价认证，积极推动清洁生产审核、节能审查、节能监察、环境影响评价和排污许可等管理制度的高效衔接，逐步将碳排放指标纳入清洁生产审核中。

（6）树立大生态观，引领循环经济发展

推进资源综合利用产业高质量发展，大力发展循环经济。强化源头减量，推进清洁生产，进一步提高生产工序之内、工序之间副产品、废物和二次能源的再利用和再循环水平。抓住以废钢为原料的短流程电炉炼钢发展机遇，完善废钢加工配送体系建设。鼓励产业间相互补充、延伸和耦合，大力建设生态工业园区，推进钢铁与供热、建材、电力、化工等产业间的耦合协同、原料互供和资源共享。推动钢铁与城市和社会的横向耦合和生态链接，加强余热余能、城市中水、废弃物处置等资源能源和废弃物的统筹利用，构建布局合理、资源节约、低碳绿色、循环共享的钢铁产业生态圈。

（7）发展服务化钢铁制造

钢铁行业将“生产”延伸发展到“生产＋服务”，从低附加值转变为高附加值，产业从同质化竞争转向差异化发展，实现钢铁制造业与服务化的有机结合，更好地满足用户需求，提升用户价值。对钢铁产业链进行拓展，在生产的基础上提供全生命周期服务，如定制化生产、产品维护、状态监控等，不仅能够促进整条产业链的绿色发展，还展现了钢企的社会担当，引导社会公众对钢铁产品形成客观、全面的评价。

5.2 水泥行业清洁生产进展

5.2.1 水泥行业发展现状和趋势

（1）水泥行业经济运行形势

“十三五”期间，水泥行业积极实施创新驱动，加快淘汰落后产能，产业结构进一步得到优化。水泥行业新型干法水泥生产线从“十三五”初期的1 769条降到2020年年底的1 609条，平均单线熟料生产规模从约3 300吨/天提升到接近3 700吨/天，2 000吨/天及以下生产线从281条减少171条。2020年水泥熟料生产规模结构如图5-7所示。水泥产品结构显著调整，取消PC32.5水泥，42.5水泥占比提升至约60%。技术结构的调整促进了水泥行业能耗显著下降，水泥单位熟料煤耗从120千克ce/吨降到约108千克ce/吨，降幅达10%。“十三五”期间水泥、熟料消费量及产能利用率趋势如图5-8所示。

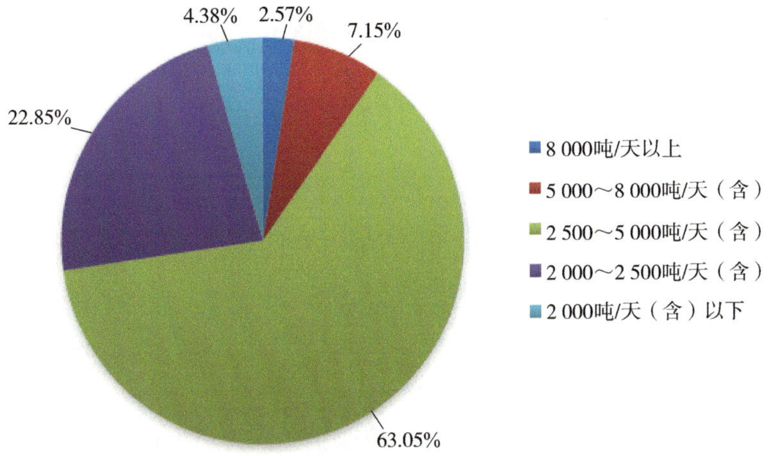

图 5-7　2020 年水泥熟料生产线规模结构

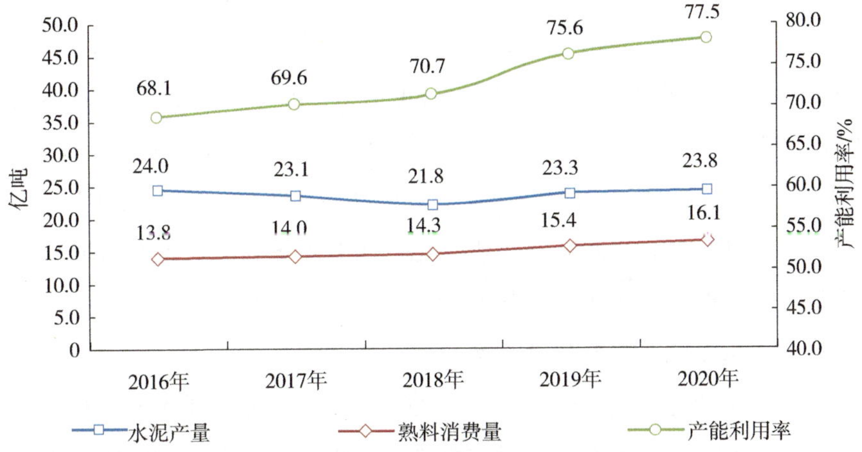

图 5-8　"十三五"期间水泥、熟料消费量及产能利用率趋势

得益于国内良好的经济发展环境和供给侧结构性改革的推进，"十三五"期间，水泥行业总体利润突破 1 800 亿元，利润率在工业部门名列前茅。主营业务收入及利润如图 5-9 所示。

图 5-9 “十三五”期间水泥行业主营业务收入及利润

2021 年虽然经历了原煤价格快速上涨、严格能耗“双控”、大面积停限产和需求快速收缩的严峻形势，中国水泥行业却一如既往，实现了产量、效益的双平稳，2021 年全国水泥产量为 23.63 亿吨，同比下降 1.2%。2021 年全年需求虽略有下降，但水泥行业价格持续高位运行，且对成本传导能力不减，使得 2021 年水泥行业的利润维持较好水平。根据工业和信息化部发布的数据，2021 年水泥行业营业收入为 10 754 亿元，同比增长 7.3%；利润总额为 1 694 亿元，同比下降 10.0%。利润结构有所优化，北部区域利润贡献有所增加，尤其是长期处于亏损的泛东北地区实现全面好转。

（2）中国水泥行业技术发展现状

中国水泥工业经过近 20 年的高速发展，新型干法水泥生产工艺技术与装备已经实现了系列化、大型化，正在向智能化、生态化方向全面发展。通过近些年的技术创新，已经建立起了第二代新型干法水泥技术指标体系，进一步提升了中国水泥生产技术装备水平，基本实现了引领世界水泥工业的发展水平。

1）新型干法水泥生产技术与装备实现系列化、大型化发展。

新型干法生产工艺覆盖 1 000～12 000 吨 / 天全系列生产线技术与装备，主要设备全面实现国产化，技术经济指标达到世界先进水平。目前国内已建成的万吨及以上生产线共有 16 条（其中，安徽省 6 条，广东省 3 条，江苏省 2 条，陕西省 2 条，河南省、湖北省和海南省各 1 条），全球万吨线共 33 条，占比接近一半。同时国内在建的万吨线还有 3 条，均按照先进的第二代新型干法水泥技术标准建设。

2）打造智能化水泥工厂，产业升级取得新突破。

当前，智能制造正在引领水泥生产方式深刻变革。水泥工业大力运用移动物联、传感监测、三维仿真、人工智能等先进技术，推动信息化、数字化、智能化和水泥制造深度融合，实现全流程信息化、数字化、智能管理、全要素协同运作、全系统智慧决策，保证水泥生产始终最优化运行，劳动生产率大大提高，能源资源消耗、污染排放大幅降低。已经在湖州槐坎南方水泥、海螺全椒水泥等工厂成功应用。中国水泥工业在水泥制造全流程认知方法、技术、多目标协同优化方面达到国际领先水平，是中国水泥工业技术进步的重大突破，对世界水泥工业发展将起到示范引领作用。

3）推进绿色发展，技术装备生态化。

中国水泥工业积极落实绿色发展要求，致力实现生态发展。海螺水泥投资 6 000 多万元，在白马山水厂建成了世界首条水泥窑烟气 CO_2 捕集示范项目，每年可生产 5 万吨工业 CO_2，3 万吨食品级 CO_2，捕集生产的液体 CO_2 纯度可达 99.99%。该项目的建成投产，开创了中国水泥行业 CO_2 捕集的先河，突破了水泥行业 CO_2 捕集与封存技术"零"的应用，标志着水泥工业减碳技术取得巨大进步，对控制和减缓全国乃至全球水泥行业 CO_2 排放具有很强的示范引领作用，为水泥行业碳减排提供了新的技术途径。

随着国家和地方对水泥工业大气污染物排放的严格管控和指标收紧，水泥工业污染物减排工作取得显著成绩，污染物治理技术取得重大突破，氮氧化物催化还原治理技术应用研究取得进展，截至目前，中国已有超过 20 套工业化应用的 SCR 系统，位列世界第一。

水泥工业积极开发应用光伏发电、风能等新源技术，使用秸秆、稻壳等作为替代燃料，可降低原煤消耗 20% 左右，实现了废物回收利用以及循环发展，走出了一条节能降耗、绿色发展的新路。

4）推进创新技术改造，加快水泥行业新旧动能转换。

"二代水泥"标准体系提出了"吨熟料能耗降低 15%～20%，劳动生产率提高3倍”等目标。水泥工业企业紧紧围绕“降本、增效、绿色”这个主题，抓住“节能、环保”两条主线，积极采用“二代水泥”标准的技术装备，实施水泥窑系统改造（高能效预热分解技术、高效隔热保温技术、第四代篦冷机等），实施高效粉磨系统改造（辊压机、立磨等技改技措），开发应用水泥立磨和辊压机生料终粉磨等新型粉磨系统，推进大型风机变频节能改造，单位产品能耗下降明显。

5）推广水泥窑协同处置项目，促进行业绿色转型发展。

当前，全国共有1 600多条新型干法熟料生产线，如果所有熟料生产线都配套协同处置垃圾系统，每年的处理能力可达2亿多吨，是潜力巨大的环保项目。而且，利用水泥窑协同处理垃圾，可有效解决垃圾焚烧填埋带来的土地占用和环境污染问题，实现变废为宝，提升经济效益和社会效益。中国水泥工业积极研发应用水泥窑协同处置技术，水泥工业协同处置污泥（含工业污泥、泥饼）生产线有81条（个别停用或使用率低），处置能力大约为442.8万吨；生活垃圾处置线有68条，处置能力为691.1万吨；危废处置线为119条（含部分2020年在建项目及垃圾焚烧飞灰处置项目），处置能力为872万吨；一般固废、工业固废、酒糟、长江漂浮物、污染土等处置线有17条，处置能力约为130万吨。协同处置生产线共约2条，约占全部新型干法熟料生产线的17.8%。

6）“二代水泥”标准体系的技术装备研发取得成果。

从工艺、装备、信息化等方面入手，边研发边应用，研发出国际领先的核心技术和关键装备。“二代水泥”技术装备的成功研发，为世界水泥工业技术发展提供了宝贵经验，为中国水泥工业技术进步、行业转型升级提供了强有力支撑。中国水泥行业以“管理信息化、产业绿色化”为主线，巩固深化二代技术成果，推动中国水泥行业向高质量、智能化、绿色低碳方向发展。

5.2.2 水泥行业发展面临的问题

当前影响我国水泥行业高质量发展的一些结构性矛盾、技术性难题仍然存在，制约行业绿色低碳转型发展的一些深层次问题仍未解决。

（1）水泥产能严重过剩问题依然严重

1）产能过剩情况依然存在。一是去产能政策执行不到位，熟料产能总量下降不明显。2017年以前已批复但尚未开工的一些项目随着市场行情的好转陆续开工建设，不断有新型干法熟料生产线投产。2020年新点火的新型干法熟料产能项目生产线比2019年增加10条，总产能比2019年也略有增加。截至2020年年底，我国共有新型干法水泥生产线1 609条，熟料设计生产能力为18.3亿吨，实际熟料年产能超过20亿吨。二是2016—2020年我国水泥行业熟料产量与产能的平均比值为72.3%，低于国际公认的80%合理线，水泥行业产能全局过剩状况依然存在。

2）产能过剩区域不平衡的状况愈加显现。我国不同区域水泥过剩状况差别较大。其中，华东、中南、华南区域产能利用率已经达到80%的合理水平，华北、东北、西北三个区域熟料产能利用率在2016—2018年均在55%以下，但产能过剩情况仍旧较为突出。

3）行业结构矛盾突出。一是产品结构不合理，我国标号为32.5的低标号水泥占比大，接近40%，全世界平均占比约为16%；特种水泥占比仅为1.5%，而发达国家占比达5%；低碳水泥发展水平不高，仍处于起步阶段。二是行业集中度依旧不足，国内前十大水泥企业的产能占比为58%，与美国的74%、日本的85%仍旧有较大差距。三是局部地区产能规模不合理，如四川省4 000吨/天及以上生产线36条，占比为32.73%；2 000吨/天及以下的生产线有12条，占比为10.91%。

（2）绿色低碳转型与环境治理水平有待提升

1）石灰石矿山修复治理存在不足。矿山开采利用缺乏保护修复规划，部分企业履行生态环境保护主体责任不到位，未按要求开展矿山地质环境恢复治理工作，存在地质环境安全隐患突出、生态修复治理滞后等问题。重庆永年水泥厂在石灰石料场关闭后，未履行法定生态修复责任，采矿形成约5万米^{2}的生态创面，生态至今没有得到恢复。

2）节能减碳任务艰巨。一是行业碳排放量持续增加。"十三五"期间我国水泥行业碳排放增长1.45亿吨，2020年比2016年增长约12%。根据中国水泥协会预测，"十四五"期间我国水泥行业碳排放将达到峰值，减排压力较大。二是行业能耗降低仍有空间。行业内企业间能耗差异水平大、参差不齐，能耗管理与控制水平差异大。就水泥粉磨站而言，水泥企业粉磨单位能耗平均水平在33度左右，落后水平可以高达40多度，但是部分先进企业已经可以将水泥单位粉磨能耗降低到20度以内。水泥行业仍然存在巨大的节能潜力。三是市场需求推动熟料产量持续增加。根据预测，“十四五”期间我国水泥熟料产量将超过16亿吨，我国水泥产品取消低强度等级水泥与发展高标号水泥将会提升水泥行业的熟料使用比例，增加碳排放。四是行业60%以上的碳排放来自石灰石，而石灰石碳排放相对固定，且原材料替代物较少，行业资源消耗量大，以2020年生产15.8亿吨熟料计算，消耗石灰石矿产资源高达24亿吨。

3）大气污染物排放量仍旧处在相对较高的水平。一是行业污染物排放贡献率持续增加。2019年，水泥行业颗粒物、二氧化硫和氮氧化物排放量分别占工业排放总量的8.56%、4.16%和16.62%，其中氮氧化物相比2015年排放贡献率增加了3.01%。二是执行标准限值相对宽松是行业污染物排放量大的一个重要因素。以氮氧化物为例，《水泥工业大气污染物排放标准》（GB 4915—2013）确定的特别排放限值为320毫克/米^3，正常排放限值为400毫克/米^3，多数省份地方标准为100毫克/米^{3}甚至更高，相较于火电、钢铁等国家超低排放限值（50毫克/米^3），以及河南、江苏等省份（50毫克/米^3）水泥行业排放标准来看，我国亟须修订水泥行业污染物排放标准。表5-4为水泥行业大气污染物国家标准及地方标准情况。

表5-4　水泥行业大气污染物国家标准及地方标准情况　　单位：毫克/米^3

地区	生产设备	颗粒物	二氧化硫	氮氧化物（以NO_2计）	氨
国家标准	水泥窑及窑尾余热利用系统	20/30	100/200	320/400	8/10
河北	水泥窑及窑尾余热利用系统	10	30	100	8
河南	水泥窑及窑尾余热利用系统	10	35	100	5
安徽	水泥窑及窑尾余热利用系统	10	50	100	8
山东	水泥窑及窑尾余热利用系统	10/20	50/100	100/200/300	8
海南	水泥窑及窑尾余热利用系统	10	100	200	8
四川	水泥窑及窑尾余热利用系统	10	35	100	8
重庆	水泥窑及窑尾余热利用系统	15/30	100/200	250/350	8/10

4）氮氧化物深度治理带来氨逃逸等新环境影响。水泥行业 90% 以上的氮氧化物治理是采用选择性非催化还原技术（SNCR）进行脱氮。实施严格地标的河北、河南、安徽、四川等省份，为实现达标要求，大部分采用 SNCR 脱氮技术的水泥企业会过量喷氨水，这就导致氮氧化物治理过程中的"氨逃逸"问题突出，易加剧雾霾的产生。

（3）减污降碳技术支持不够

1）节能减排技术水平需要进一步提高。一是落后生产工艺仍未全面淘汰。粉磨站企业生产工艺仍旧存在较为落后的生产工艺设计；生产许可证查询显示，山东、安徽、江苏等省份仍有建通窑生产线近 30 条。二是替代原燃料使用起来仍有技术上的困难，如部分工业固废中含有一定比例的金属成分或者氯离子等对生产过程和水泥性能有害的成分。三是与发达国家普遍采用的分散式预处理运营模式不同，我国与水泥窑协同处置危险废物配套的专业化替代原燃料预处理中心很少，关键或特殊的预处理和协同处置技术水平较低，难以确保均匀的化学成分和最佳燃烧。

2）治理技术还需进一步提升。一是智能化技术在水泥行业应用不足。在我国现有的 2 000 余座石灰石矿山中，仅有不超过 2% 的矿山实施了智能化建设，资源综合利用水平有待提高。二是水泥行业超低排放面临的最大技术难题是氮氧化物控制。在其他行业应用比较成熟的选择性催化还原法（SCR）脱硝技术，目前只有 20 多套在水泥行业中运行，稳定性和效果还有待进一步验证。

（4）行业发展政策有待完善

1）政策针对性不够。一是目前实施的产能置换政策仅考虑项目是否位于环境敏感区，针对东北、西北、华北等区域产能严重过剩的实际情况，缺乏针对性的区域去产能淘汰政策。二是低碳水泥尚未形成明确的标准规范，对含碳量、种类等均未做出明确要求。

2）政策激励性不足。一是水泥行业未进入碳市场交易，缺乏市场化促进产业减排的手段。二是缺乏对超低排放改造、综合节能减排技术应用等环保投资的税收、价格、金融等优惠政策。三是垃圾焚烧发电有明确的国家优惠支持政策①，水泥窑协同处置生活垃圾和污泥缺乏相应的国家补贴政策，此外，地方政府补贴标准不一，水泥企业处置生活垃圾和污泥积极性不高。我国水泥窑协同处置替代燃料的水泥线占比不超过3%，燃料替代率约1%。四是水泥行业获得金融机构支持的难度大。由于水泥属于“两高”（高耗能、高排放）行业，金融机构支持水泥企业技术改造和环境治理的积极性不高。

5.2.3 “十三五”水泥行业清洁生产进展

工业和信息化部印发的《工业绿色发展规划（2016—2020年）》中提出，“绿色发展理念成为工业全领域全过程的普遍要求，工业绿色发展推进机制基本形成，绿色制造产业成为经济增长新引擎和国际竞争新优势，工业绿色发展整体水平显著提升”。中国建材工业和水泥工业“十三五”发展规划也明确提出，水泥行业要持续推进转型升级，大力推动水泥行业绿色发展和智能制造，走清洁生产的高质量发展道路。水泥工业绿色发展聚焦于提高水泥行业全产业链节能减排水平，建立与各类固体废弃物及危险废弃物排放紧密衔接的循环经济生产体系，提高综合处置能力和利用效率，推进绿色矿山建设，全面推进水泥智能制造数字转型等，这其中科技创新不可或缺。“十三五”期间水泥行业共创建国家级绿色工厂113家，绿色供应链3家。通过实施绿色工厂、绿色供应链的创建，促进了行业绿色转型，水泥行业绿色发展的积极性空前高涨。

（1）水泥行业节能减排效果显著，相关技术研发、应用加速

“十三五”以来，水泥工业能耗与污染物排放呈逐年下降趋势，据估算，单位熟料煤耗由2016年的119千克标准煤下降到2020年的108千克标准煤；氮氧化物排放强度从2016年的1.01千克/吨.cl降到2020年的0.63千克/吨.cl，下降0.38千克/吨.cl，降幅达37.6%；烟（粉）尘从2016年的0.27千克/吨.cl降到2020年的0.19千克/吨.cl，下降0.08千克/吨.cl，降幅达30%；二氧化

① 根据国家发展改革委《关于完善垃圾焚烧发电价格政策的通知》（发改价格〔2012〕801号）的规定，以生活垃圾为原料的垃圾焚烧发电项目，每吨生活垃圾按照上网电量280千瓦·时，电价每千瓦·时0.65元（含税）予以结算，相当于处理每吨垃圾可获得182元的含税固定收入。

硫从2016年的0.13千克/吨.cl降到2020年的0.11千克/吨.cl，下降0.02千克/吨.cl，降幅15%。

（2）"十三五"期间，先进、适用水泥企业节能减排技术研发、应用加速

高能效烧成技术（分级燃烧、低氮燃烧器、四代篦冷机、高效隔热保温材料）、水泥窑协同处置技术（替代燃料技术）、高效节电料床粉磨技术等得到广泛推广应用。富氧燃烧技术，替代燃料技术，高效脱硝、脱硫治理技术，二氧化碳捕集利用技术等研发应用快速推进。

（3）水泥行业CCUS

中国水泥行业CO_2捕集应用滥觞于蒙西水泥集团二氧化碳聚合物生产线，设计能力为3 000吨/年，该项目从水泥窑废气中提取CO_2达到食品级纯度，作为全降解塑料生产的原料。"十三五"期间，以海螺水泥、金隅冀东水泥、福建龙麟水泥等为代表的水泥企业继续积极开展碳捕集研究和应用。北京金隅琉水公司捕集CO_2应用于协同处置垃圾焚烧飞灰水洗工艺；福建龙麟水泥在建的"新型干法旋窑CO_2碳捕集纯化示范项目（一期）"设计年液化CO_2能力为6.2万吨，形成产品为3.5万吨/年食品级液态CO_2、1.842万吨/年食品级固态CO_2（干冰），附加产品为65%纯度的氧化钙16.338万吨/年，回入水泥窑生产水泥熟料。项目建设内容包括煤气制备、外燃式旋窑生产线、液态二氧化碳及干冰生产装置和与之配套的其他生产辅助设施。该项目主要环节为从预热器C4物料出口截取部分物料进入外燃旋窑，该外燃旋窑由旋窑燃烧室和旋窑筒体组成，煤气在燃烧室内多点燃烧，加热旋窑筒体，火焰不能与物料直接接触，确保生料内碳酸盐在筒体内受热分解为较高纯度的CO_2气体。海螺水泥"白马山水泥厂水泥窑烟气CO_2捕集纯化项目"于2018年正式投运，设计能力为工业级液体二氧化碳2万吨/年，食品级液体二氧化碳3万吨/年。该项目采取的技术路线为燃烧后捕集的化学吸收法，原料气从水泥窑电除尘排风机出口与烟囱之间的管道引出，标准状态下气量为22 000米^3/小时，折算工况风量为30 000米^3/小时，进口温度为91.5℃。该项目在以下几个方面取得了显著成果：一是研发出易再生复合型有机胺脱碳剂并形成产业化；二是开发了水泥窑烟气预处理工艺及关键装置；三是开发了水泥窑烟气CO_2吸收/解吸工艺技术及装

置；四是开发了 CO_2 纯化精制关键技术及装置。海螺水泥 CO_2 捕集纯化主要流程如图 5-10 所示，CO_2 捕集纯化项目如图 5-11 所示。

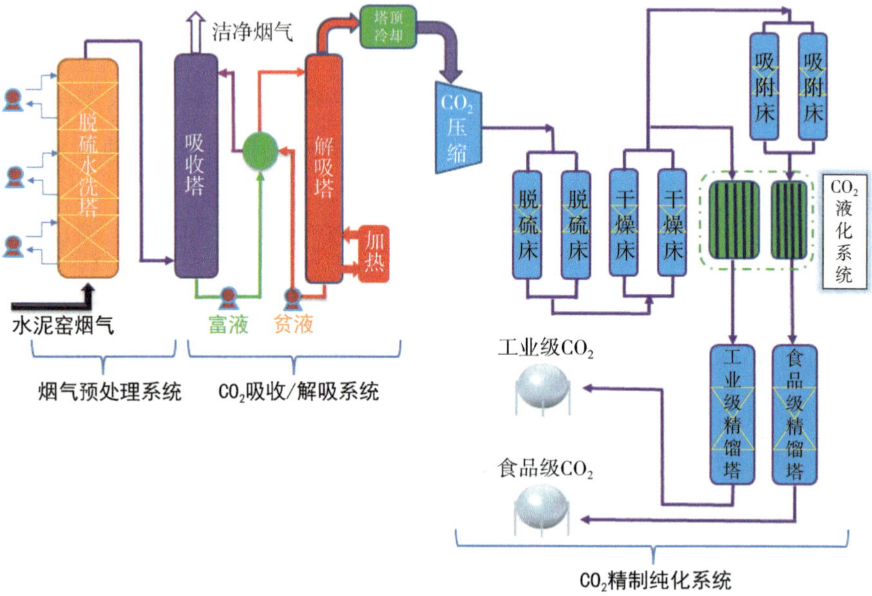

图 5-10　海螺水泥 CO_2 捕集纯化主要流程

图 5-11　CO_2 捕集纯化项目外观整体设计

（4）水泥窑协同处置 / 替代燃料技术

新型干法水泥工艺本身具有温度高、热惯量大、工况稳定、气（料）流在窑系统滞留时间长、湍流强烈、碱性气氛等特点，以及最终水泥熟料产品的有效固化作用，使得水泥窑协同处置技术具有得天独厚的优势。国家出台相关政策引导和支持水泥行业开展水泥窑协同处置，对于水泥行业协同处置技术发展起到巨大的推动作用。"十三五"期间，中国建材集团、海螺水泥、金隅冀东水泥、华润水泥、华新水泥、红狮水泥、台泥等水泥企业（集团）积极探索协同处置技术研发应用。华新水泥"水泥窑高效生态化协同处置固体废物成套技术与应用"成果，荣获 2016 年国家科学技术进步奖二等奖。华新水泥协同处置生产线如图 5-12 所示。武安市新峰水泥有限责任公司打造成全国首家城乡生活垃圾一体化处置模式，打通农村生活垃圾从回收到处理的全链条，通过"农户分类—乡村收集—统一转运—集中处理—循环利用"的模式，确保武安市城乡生活垃圾 100% 无害化处置，如图 5-13 所示。据初步统计，截至"十三五"末，全国共有协同处置生产线（含处置污泥、危废、生活垃圾及其他一般固废）共约 252 条，占新型干法水泥生产线数量的比例超过 15%。

图 5-12 华新水泥协同处置生产线

"十三五"期间，除协同处置生活垃圾替代燃料外，枞阳海螺水泥、吉林金隅冀东水泥等水泥企业也开展了生物质替代燃料研究应用。枞阳海螺生物质替代燃料项目一期正常运行后预计每年可节省原煤约 4.9 万吨，同时可处理掉秸秆等生物质"废物"约 15 万吨 / 年，全部正常运行后将实现生物质替代燃料替代率超过 40%。

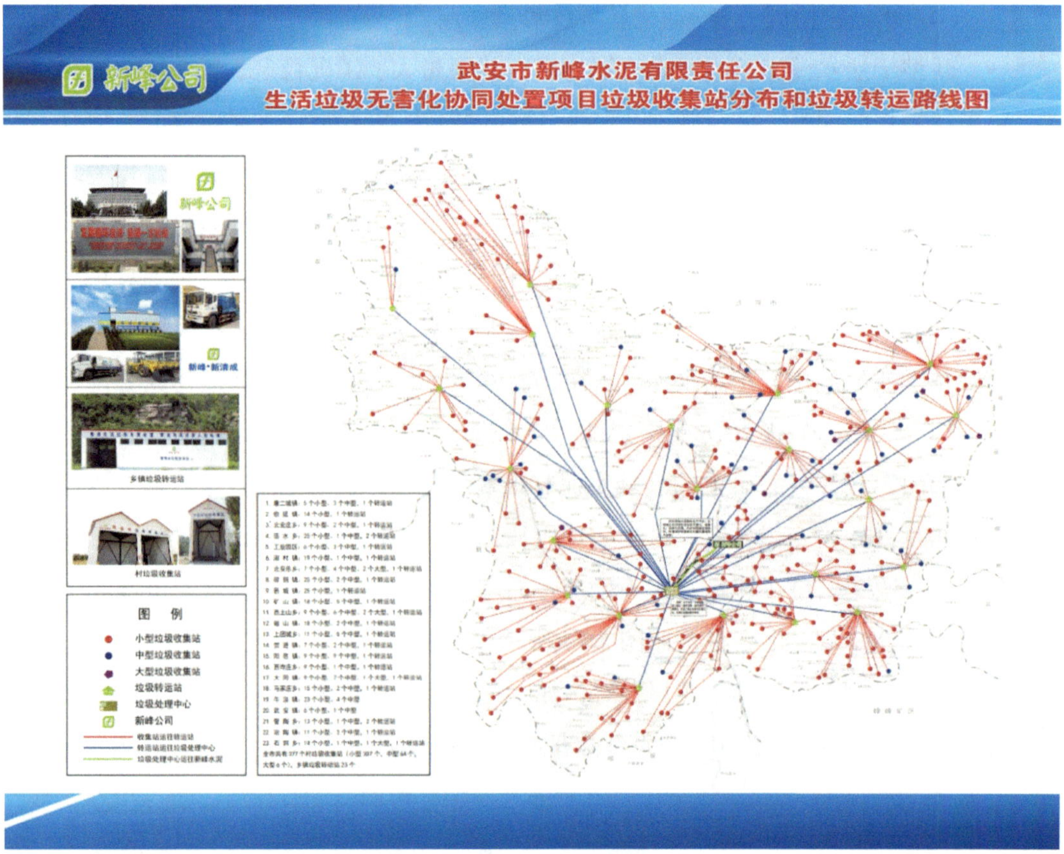

图 5-13　新峰水泥城乡生活垃圾一体化处置模式

（5）氮氧化物深度治理技术

清华大学、北京工业大学、合肥水泥设计研究院、海螺水泥、新峰水泥、福建远致、西矿环保等产学研相关主体单位就 SCR 设计、工程应用、脱硝催化剂等进行了深入研究和应用。对于水泥工业 SCR 应用来说，催化剂寿命和含尘浓度、烟气中的碱金属、硫以及重金属等元素是关键因素。SCR 催化剂常见类型有钒钛基催化剂、沸石催化剂及活性炭催化剂，适宜的温度范围依次是 270～400℃、300～440℃、100～150℃。目前国内水泥行业 SCR 应用以钒钛基催化剂（V_2O_5-WO_3/TiO_2）为主流，基体主要成分是载体 TiO_2，助剂 WO_3 和活性成分 V_2O_5。此外，还需添加其他组分以提高抗中毒性能和抗磨蚀性能。催化剂结构形式有蜂窝催化剂、平板催化剂和波纹板催化剂3种，水泥工业多采用蜂窝催化剂。水泥窑高尘SCR脱硝系统含尘浓度达60～100克/米^3，烟气中的飞灰沉积在催化剂表面，若不及时清灰，在催化剂孔隙内沉积桥接导致催化剂孔隙堵塞，催化剂流通面积变小，尚未堵塞的孔道内流速过快，会对催化剂造成严重的磨蚀。同时灰分中的化学成分会与催化剂的活性点位发生化学吸附，影响催化剂活性。目前海螺水泥采用高温高尘布置，新峰水泥采用高温中尘布置，对于高尘和中尘布置，清灰系统对催化剂寿命非常关键。福建远致采用的高温微尘技术，能够有效避免催化剂磨损，延长使用寿命。据初步统计，截至"十三五"末期，全国水泥行业建成投用的SCR脱硝系统已超过20套（表5-5），在建超过50套，水泥企业正在积极开展氮氧化物深度减排工作。

表5-5 水泥行业"十三五"SCR脱硝系统应用情况

企业名称	SCR系统/套	合计
安徽海螺水泥	4	22
河北武安新峰水泥	3	
郑州嵩基水泥	1	
郑州宏昌水泥	1	
河南登电集团水泥厂	1	
中铝集团长城水泥	1	
章丘华明水泥有限公司	1	
凯诺斯（中国）铝酸盐技术有限公司	1	
长兴南方水泥	1	
河南大地水泥	1	
河北鹿泉曲寨水泥有限公司	1	
河北曲寨矿峰水泥股份有限公司	1	
江西万年青水泥有限公司	2	
唐山北极熊建材有限公司	1	
河南大地水泥	1	
安阳湖波水泥	1	

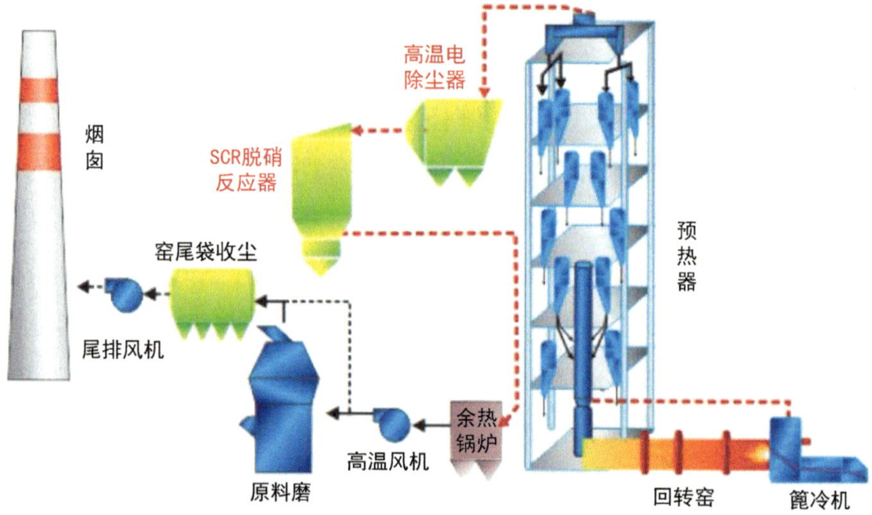

图 5-14　水泥企业 SCR 系统布置

5.2.4　建议

（1）持续推动产业布局结构优化调整

一是优化产业布局。严格落实“三线一单”（生态保护红线、环境质量底线、资源利用上线和生态环境准入清单）分区管控要求，科学调整水泥行业产业布局。加强水泥行业规划环评，深入论证行业规划确定的发展规模和产业布局的合理性。二是引导落后过剩产能有序退出。适时修订《产业结构调整指导目录》，通过市场化、法治化等综合手段依法依规推动落后产能退出，严格执行有关标准、政策，加强监督检查，防止落后产能死灰复燃。同时因地制宜实施水泥错峰生产，合理压缩水泥熟料装置运转时间，有效压减过剩产能。三是加强产能置换监管。依法依规严格新建、改建、扩建水泥项目环评审核，严格落实产能淘汰置换要求，严禁新增产能。根据大气污染防治要求调整加大置换比例，对华北、西北、东北等重点区域，全过程监管产能置换落实情况，加强新建项目产能核实，严防借开展协同处置之名建设新增水泥熟料产能的项目。鼓励粉磨企业按照减量置换原则实施转型升级。四是推动产业集中集聚发展。优先支持有核心竞争优势的企业以资本为纽带，通过联合、兼并、重组等方式，大力推进资源整合集聚，依法提高水泥产业集中度。五是鼓励进口水泥及熟料。在保障质量安全的前提下，实施便利化通关手续，鼓励优质水泥及熟料产品进口，加强沿海沿江上岸码头生态环境管控。

（2）加快推动绿色低碳转型

一是推进行业绿色升级。加快实施水泥行业绿色化改造。推行产品绿色设计，建设绿色制造体系。扎实推进清洁生产，依法实施强制性清洁生产审核，推动制订水泥行业清洁生产改造提升计划，加快推广应用先进成熟的清洁生产技术工艺。二是推动能源清洁低碳利用。新建、改建、扩建项目实行用煤减量替代，积极促进替代燃料广泛利用，推进水泥窑协同处置、余热利用等燃料替代和节能技术应用。因地制宜地利用风能、太阳能等可再生能源，逐步提高电力、天然气消费比重。修订水泥单位产品能耗限额标准，树立行业能效领跑者标杆企业。三是推进有条件的企业率先达峰。全力推进水泥行业达峰行动。引导水泥产量大省的企业编制达峰行动方案，实施二氧化碳排放强度和总量"双控"，推进温室气体与污染物协同减排。四是做好水泥行业进入碳市场的准备工作。加快推动水泥行业纳入碳排放权交易市场，提前谋划和组织好有关企业参与碳交易方案制定、碳交易模拟试算、运行测试等前期工作。

（3）提高生态环境综合治理水平

一是加强水泥原料矿山生态环境保护。鼓励新建、改扩建水泥原料矿山按照绿色矿山标准建设。鼓励水泥原料矿山根据绿色矿山建设标准加快绿色改造升级。积极探索通过 EOD 模式等方式开展历史遗留水泥原料矿山地质环境保护与治理。加强事中事后监管，督促矿山企业严格按照矿山地质环境保护和治理恢复方案"边开采、边治理"，增加植树造林面积，强化碳汇功能。二是持续推进污染物减排。推动水泥行业实施污染物有组织、无组织排放深度治理，有条件的地区开展超低排放改造。继续实施水泥行业重污染天气绩效分级，落实差异化减排措施。做好环境权益交易与水泥行业相关污染物减排指标的对接协调，加快推进行业排污权交易。三是加大对大宗固废、生活垃圾和城市污泥、有毒有害废弃物的协同处置力度。研发水泥窑协同处置工艺技术及装备，完善和推广水泥窑协同处置生活垃圾、污泥技术，加大水泥窑协同处置污泥、危险废物和生活垃圾的推广力度。四是严格水泥行业排污许可管理，排污单位应当依法申请排污许可证，未获得排污许可证的不得排污。推进水泥行业主要污染物排放自动监测数据标记和电子督办试点。加大水泥企业依证排污以及环境信息披露情况检查力度，重点核查污染物排放浓度及排放量、无组织排放控制、特殊时段排放控制等要求的落实情况，严厉打击无证排污、不按证排污等各类违法行为。

（4）加强科技创新应用

一是加大清洁燃料替代技术研发力度，探索采取高效预热分解、高效优化粉磨、窑系统节能监控、余热利用等节能技术研发，提高替代燃料或废弃物使用比例。二是开发高固废掺量生料的水泥生产技术，加快全固废免烧胶凝材料技术开发应用和推广，减少水泥熟料生产对石灰石原料的依赖。三是开发和挖掘技术性减排路径和空间，推广应用数字化智能型控制技术，研发新型胶凝材料技术、低碳混凝土技术、吸碳技术，以及高贝利特水泥、硫铝酸盐水泥等低碳建材新产品。四是加快碳捕集与利用技术研究，开发水泥全氧燃烧技术及全烟气二氧化碳高效捕集、复合碱液吸附、浓缩纯化技术，探索水泥捕集二氧化碳联产制备碳酸钙、纯碱、甲醛等技术，加大二氧化碳埋藏及封存应用与推广力度。五是发挥大型龙头企业在科技创新中的引领带动作用。以海螺水泥等行业优势企业为引领，组建行业内、区域内品牌联盟，推动联盟内资源共享，加速生态环境科技成果市场转化，解决大气污染物和温室气体协同控制领域重大共性问题，促进产学研深度融合。

（5）健全激励约束机制

一是研究制定水泥行业超低排放改造相关技术指导文件，适时修订国家水泥工业大气污染物排放标准，加快制定协同处置固废伴生水泥产品污染控制标准。制定低碳水泥标准，开展低碳水泥评价，发布低碳水泥产品目录。加强水泥行业环境标志产品和低碳产品的认证和管理。二是进一步完善基于污染物、能耗水平和二氧化碳排放绩效水平的差别电价、水价等绿色低碳价格政策，优化机制设计，加强与产业政策和环保政策的协同。三是继续落实节能节水环保、资源综合利用以及合同能源管理、环境污染第三方治理等方面的所得税、增值税等优惠政策，将生活垃圾预处理可燃物纳入资源综合利用水泥产品的废渣目录范围。四是落实有保有控的金融政策，对化解过剩产能、实施兼并重组以及积极应对气候变化、践行绿色发展的水泥企业，按照风险可控、商业可持续原则加大信贷支持力度。对违规新增水泥熟料的企业停止贷款。探索由大型骨干水泥企业按照"谁受益、谁付费"的原则，联合设立产业结构调整专项资金，专门用于奖补主动退出的产能。

5.3 电力行业清洁生产进展

5.3.1 电力行业发展现状与趋势

根据中国电力企业联合会（以下简称中电联）统计，截至2020年年底，全国全口径发电装机容量220 204万千瓦，比2015年增长44.4%。其中，水电37 028万千瓦，比2015年增长15.9%；火电124 624万千瓦，比2015年增长23.9%（煤电107 912万千瓦，比2015年增长19.9%；气电9 972万千瓦，比2015年增长51%）；核电4 989万千瓦，比2015年增长83.6%；并网风电28 165万千瓦，比2015年增长1.2倍；并网太阳能发电25 356万千瓦，比2015年增长5倍。

2015—2020年全国全口径发电装机容量及构成如图5-15所示。

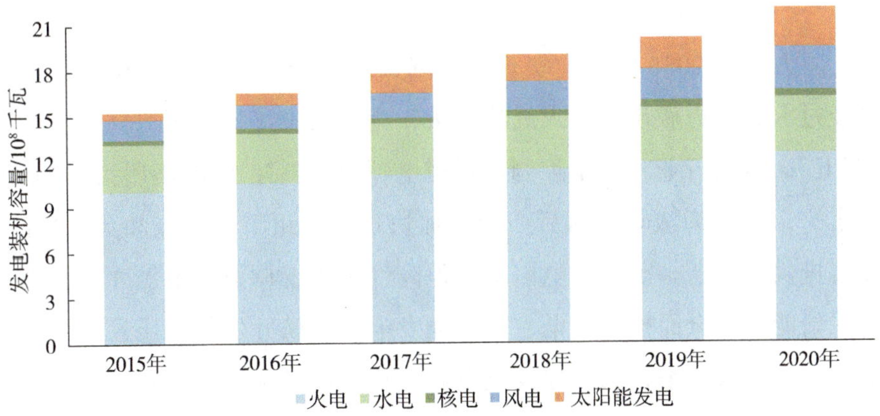

图5-15 2015—2020年全国全口径发电装机容量及构成

2020 年，全国全口径发电量为 76 264 亿千瓦·时，比 2015 年增长 32.9%。其中，水电 13 553 亿千瓦·时，比 2015 年增长 21.8%；火电 51 770 亿千瓦·时，比 2015 年增长 22.4%（煤电 46 296 亿千瓦·时，比 2015 年增长 9.4%；气电 2 525 亿千瓦·时，比 2015 年增长 51.3%）；核电 3 662 亿千瓦·时，比 2015 年增长 23.1%；并网风电 4 665 亿千瓦·时，比 2015 年增长 1.5 倍；并网太阳能发电 2 611 亿千瓦·时，比 2015 年增长 5.6 倍。

2015—2020 年全国全口径发电量及构成如图 5-16 所示。

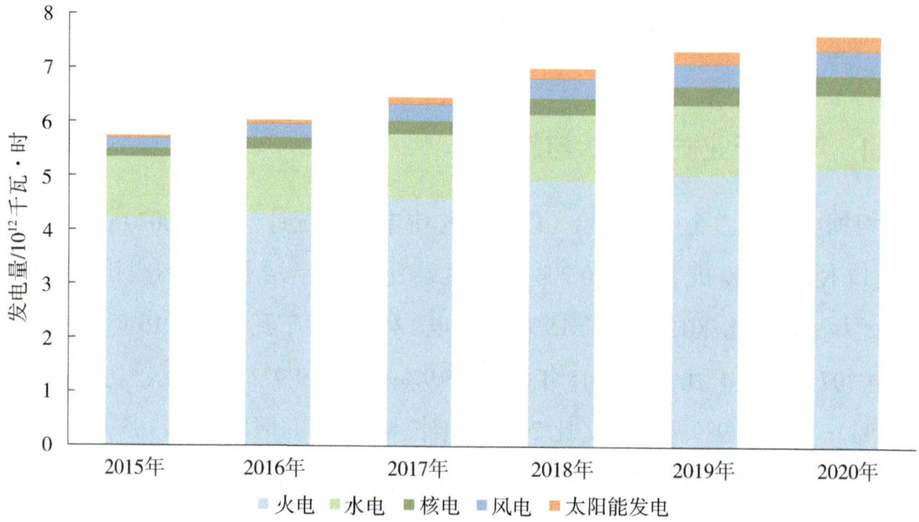

图 5-16　2015—2020 年全国全口径发电量及构成

我国力争在 2030 年之前实现碳达峰，2060 年之前实现碳中和，这是党中央经过深思熟虑做出的重大战略决策，为电力发展提供了方向指引。展望"十四五"，电力行业将严格控制新增煤电项目，新建机组煤耗标准达到国际先进水平，有序淘汰煤电落后产能，加快现役机组节能升级和灵活性改造，积极推进供热改造，推动煤电向基础保障性和系统调节性电源并重转型。大力发展新能源，全面推进风电、太阳能发电大规模开发和高质量发展；坚持集中式与分布式并举，加快建设风电和光伏发电基地；坚持陆海并重，推动风电协调快速发展，鼓励建设海上风电基地；积极发展太阳能光热发电，推动建立光热发电与光伏发电、风电互补调节的风光热综合可再生能源发电基地。因地制宜开发水电，积极推进水电基地建设，推动金沙江上游、澜沧江上游、雅砻江中游、黄河上游等已纳入规划、符合生态保护要求的水电项目开工建设，推进雅鲁藏布江下游水电开发，推动小水电绿色发展。积极安全有序发展核电，合理确定核电站布局和开发时序，在确保安全的前提下有序发展核电，保持平稳建设节奏。因地制宜发展生物质发电、生物质能清洁供暖和生物天然气。探索深化地热能以及波浪能、潮流能、温差能等海洋新能源的开发利用。

5.3.2 电力行业发展面临的问题

（1）电力工业能源安全保障面临挑战

我国石油和天然气对外依存度分别已达到70%和45%，能源安全保障形势不容乐观。依托安全可靠的电力系统，在供应侧继续加大清洁发电能源开发力度，在消费侧持续提升电气化水平，是符合我国实际能源安全保障的重要途径。当前，电力安全保障体系建设与能源安全保障要求尚不匹配，西北部风光资源富集地区与东中部用电负荷中心地区在积极开发风电、太阳能发电的同时，配套支撑性电源建设普遍滞后，后续均面临有效电力供应短缺的风险；直流大量应用、新能源大规模接入电网，局部电网"强直弱交"问题依然存在，电网安全风险向网络攻击、电磁攻击、暴力破坏等更为复杂的形式扩展；电气化促进分布式电源、微电网、智能用电、电动汽车、电储能快速发展，配电网从无源变为有源，电网安全运行控制难度增加。尽管近年来我国电力系统一直保持安全稳定运行，但是发生大面积停电的风险始终存在。

（2）清洁能源加大开发利用存在制约

流域龙头水电站开发难度加大，建设成本提高，加之电站公益性、政策性成本不断攀升，都在制约西南水电资源的科学开发和高效利用。新能源发电基地"碎片化"开发情况较为普遍，既不利于风能、太阳能高效集约式开发，也增加了建设和运维管理成本。系统综合调节能力存在制约，抽水蓄能、燃气发电等灵活调节电源装机占比不到6%，煤电灵活性改造推进滞后。后续风电、光伏发电快速发展，系统调峰需求持续加大，抽水蓄能电站受站址资源和建设工期限制，气电受气源气价约束，储能受技术经济性、安全性等因素制约，煤电参与系统调节没有得到合理补偿，也没有形成合理的电价机制和市场机制，迫切需要从电源、电网、用户、政策、技术等多个方面，多措并举提升系统调节能力，保障清洁能源更大规模消纳。

（3）电力系统整体能效水平亟待提高

部分地区电源开发与电网发展不配套，多条特高压直流工程送端配套电源尚未落实，导致已投运输电通道利用率偏低。西南地区与“三北”地区电力外送通道建设滞后，制约当地可再生能源在更大范围内高效配置；电力需求侧管理存在短板，尖峰负荷治理能力不足影响电源电网投资经济性，电力用户参与负荷响应缺乏价格信号引导与需求响应奖励措施，制约电力系统能效提升；我国电力设备利用率为主要发达国家的80%左右，电力系统源网荷亟待高效融合，各能源品种联产联供、梯级利用、多能互补的综合效益尚未充分发挥，电力在综合能源供应的枢纽作用有待进一步增强。

（4）深化电力体制机制改革任重道远

我国电力改革已逐步进入攻坚克难、“啃硬骨头”的深水区，各地在积极推进电力改革的同时，也存在市场化机制不够完善、价格机制尚未理顺、立法相对滞后等体制机制制约电力发展的问题。电力市场建设配套体制机制未完全构筑，加快构建有效竞争市场结构和市场体系的目标场景和实施方案尚未明确。电力市场化改革必须立足于中国特色社会主义市场经济体系，辩证地认识和正确地处理电力市场化改革与政府宏观调控的关系；电价形成机制尚未充分理顺，电价调整往往滞后于成本变化，电价交叉补贴难以及时并合理反映真实供电成本和市场供求状况，已成为影响电价改革、电力市场建设、营商环境改善的重要因素。

（5）火电清洁生产工作已推进多年，但仍存在以下问题

一是高效机组难以发挥技术优势。随着新能源的快速发展，火电在系统中的作用由电量型电源逐步转变为电量和电力调节型电源，利用小时明显下降，负荷率降低。尤其是大容量、高技术参数的煤电机组，受系统调峰影响，不能在最佳工况下运行，发电效率降低，机组运行经济性下降，高能效优势无法有

效发挥。

二是节能减排空间越来越小，投入产出经济性越来越低。经过"十一五""十二五""十三五"3个五年的大规模节能改造，投入低、效果好、见效快的节能改造已经基本完成。随着新型电力系统建设的持续推进，煤电年利用小时将持续下降，在无其他支撑性政策的背景下，后续投入多、改造量大的节能技改项目仅通过节煤获得的收入难以通过技术经济核算。灵活性改造方面，鉴于辅助服务市场不完善、经济补偿不到位，所以很难支撑全行业的灵活性改造。

三是环保监管重复交叉，企业负担过重。电力环保是监管最为严格的领域之一。一方面，火电厂已全面实施烟气排放连续在线监测，烟气主要参数、主要污染物排放浓度等信息实时传送至生态环境主管部门，并且企业需要保证在线监测设备的有效性和准确性，否则将面临违法处罚；同时，按照排污许可相关规定，火电企业还须自行监测、定期（按月度、季度和年度）报送执行报告。另一方面，火电厂还要接受不同层级、不同部门的执法检查，在检查方式上各级生态环境主管部门也不尽相同，大部分为定期或不定期检查，造成企业"迎检"压力较大。

四是大气污染物排放限值考核有待进一步科学化。目前，我国火电厂执行的是最严格的排放标准（或超低排放限值）和小时均值考核要求。在实际运行中，由于存在机组启停、低负荷运行、环保设施或在线监测设施故障等客观原因造成在线监测数据出现短期超标现象，现有技术无法支撑火电厂100%达标排放。近年来，火电厂调峰启停频繁、日内工况波动大、平均负荷持续走低将成为新趋势。研究表明，火电厂对大气污染贡献占比很小，已不是影响大气环境质量的主要因素。在此背景下，严格要求火电企业全时段、小时均值达标，既不科学又不合理，且经济性较差。

五是煤电企业经营困难，节能减排改造主动性减弱。火电利用小时下降、市场电量比例明显增加，以及煤价大幅波动且处于高位运行，使得火电企业普遍经营困难，进一步实施节能减排技改的意愿明显下降；同时为了降低燃料成本，火电企业普遍掺烧经济煤种、污泥油泥等非常规燃料，造成入炉煤质普遍下滑，燃烧工况持续恶化，威胁机组安全经济运行，部分机组非停次数上升，能耗指标明显反弹。

六是各地清洁生产审核相差较大。部分省份将火电列入强制性清洁生产审核范围之内，部分省份为自愿审核范畴。尤其是清洁生产审核一般由电厂所在县、市进行组织，且发电行业节能减排水平高，多数清洁生产审核为"走过场"行为。

5.3.3 "十三五"电力行业清洁生产进展

"十三五"期间，电力行业扎实推进清洁生产工作，深入推进煤电节能、超低排放改造，加大淘汰关停落后机组力度，电力清洁生产水平全面提高。

（1）产业政策

"十三五"期间，国务院及相关主管部门印发了《"十三五"节能减排综合工作方案》《电力发展"十三五"规划（2016—2020年）》《"十三五"生态环境保护规划》《打赢蓝天保卫战三年行动计划》《关于加快推进环保装备制造业发展的指导意见》等重要政策，制、修订《常规燃煤发电机组单位产品能源消耗限额》（GB 21258—2017）、《热电联产单位产品能源消耗限额》（GB 35574—2017）等，加快推动火电行业清洁生产工作。同时，电力节能、环保产业加快技术研发、工程示范和推广应用，形成了一批适用于燃煤电厂节能、超低排放的新技术、新工艺、新设备，有力地支撑了燃煤电厂节能、超低排放改造。

（2）环保设施配备情况

截至2020年年底，全国达到大气污染物超低排放限值的煤电机组约占全国煤电总装机容量的88%，中国已建成世界上最大的清洁煤电体系，电力环保技术水平和管理水平处于世界先进行列。随着国家持续地释放强劲环保信号，电力行业除尘、脱硫、脱硝产业整体保持稳步发展。

2016—2020年全国累计完成超低排放煤电装机容量及比重如图5-17所示。

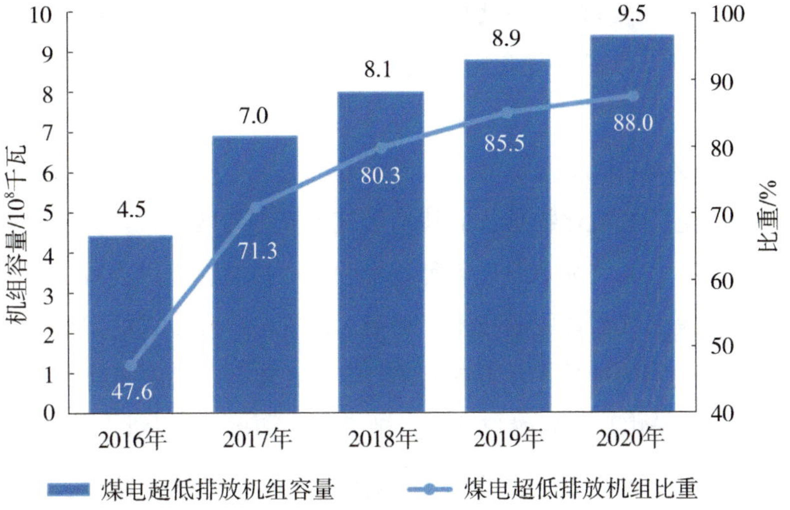

图 5-17 2016—2020 年全国累计完成超低排放煤电装机容量及比重

1）除尘技术应用方面。

随着国家对火电厂烟尘排放限值的要求越来越严，除尘技术得以快速发展，不断更新换代。20 世纪 90 年代初，中国主要以机械除尘和湿式除尘为主，行业平均除尘效率在 94.2% 左右，90 年代后，中国开始推广高效的电除尘器，到 2000 年电除尘器占比达到 80%，其他为文丘里、水膜除尘器等，行业平均除尘效率达到 98%；到 2010 年电除尘器占比为 95%，其他 5% 升级为更高效的袋式、电袋复合除尘器，行业平均除尘效率达到 99.2%；"十二五"以来，袋式、电袋复合除尘器快速发展，行业平均除尘效率达到 99.9% 以上。为满足烟尘超低排放要求，多项新的除尘技术在燃煤电厂得到应用和推广，如低温电除尘技术、湿式电除尘技术、新型电源及控制技术、旋转电极除尘技术等。

2）脱硫技术应用方面。

当前电力行业烟气脱硫技术中以石灰石 - 石膏湿法脱硫工艺为主，其他脱硫方法还包括循环流化床法脱硫、海水脱硫、氨法脱硫、有机胺脱硫等，但由于工艺特性或原料要求等外部因素，其应用范围受到一定限制。为满足二氧化硫超低排放要求，湿法脱硫技术、工艺和设备不断进行改造、优化和升级，如采用新型喷嘴、优化喷淋层布置、增设托盘、性能增强环、优化循环方式等。

3）脱硝技术应用方面。

控制燃煤电厂氮氧化物排放的技术措施主要分为两类：一类是生成源控制（低氮燃烧技术），其特征是通过各种技术手段，控制燃烧过程减少氮氧化物的生成；另一类是烟气治理脱硝技术，是指对烟气中已经生成的氮氧化物进行治理，烟气氮氧化物治理技术主要包括 SCR、SNCR 等。为满足氮氧化物超低排放要求，我国部分电厂针对燃煤烟气脱硝采用"（炉内）低 NO_x 燃烧系统 +（炉外）多层高效催化剂"的方法大幅降低 NO_x 排放，炉内部分主要采取低 NO_x 燃烧器配合还原性气氛配风系统，降低 SCR 入口 NO_x 浓度，炉外部分主要通过增加催化剂填装层数或是更换活性更强的催化剂的方法最终实现 NO_x 的大幅减排。

4）废水治理技术应用方面。

火电厂废水处理技术主要包括物理、化学、生物处理法和膜分离技术。其中，物理处理法包括沉淀、气浮、沉降过滤等技术；化学处理法包括中和、化学沉淀、氧化还原等技术；生物处理法包括活性污泥法、生物膜法、生物脱氮除磷等技术；膜分离技术主要包括反渗透、电渗析、电去离子（电除盐 EDI）、微滤、超滤、纳滤、液膜分离等技术。

火电厂脱硫废水及高盐废水处理是重点也是难点。为满足达标排放要求，脱硫废水多采用"三联箱"处理工艺，主要流程为脱硫废水→缓冲水池→预沉设施→混凝反应器（加碱性药剂、有机硫等）→澄清器（加酸等）→过滤器→清水池→一般去捞渣机、灰场或排入其他水体。为满足废水不外排（或称废水"零"排放）要求，脱硫废水需要经历预处理（"三联箱"工艺、软化、澄清等）、浓缩减量（多效蒸发浓缩、低温烟气热法浓缩和膜法浓缩等）和固化环节（多效蒸发结晶、高温烟气 / 热风干燥）3 个步骤。

（3）资源消耗水平

1）节能方面。

根据中电联统计，2020年6 000千瓦及以上火电厂供电标准煤耗为304.9克/（千瓦·时），比2015年下降10.5克/（千·瓦时）。"十一五""十二五""十三五"期间火电厂供电煤耗绝对值分别下降37.6克/（千瓦·时）、18.2克/（千瓦·时）、10.5克/（千瓦·时）。

2015—2020年全国6 000千瓦及以上火电厂供电标准煤耗如图5-18所示。

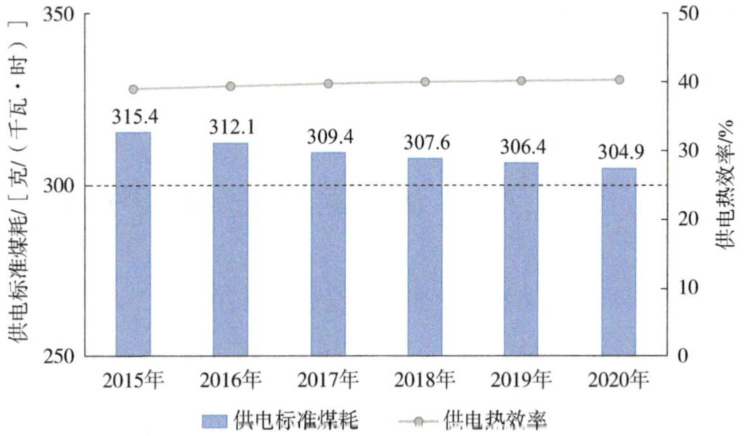

图5-18　2015—2020年全国6 000千瓦及以上火电厂供电标准煤耗

与世界主要国家相比，1990年，中国、OECD、美国、德国、日本的燃煤纯凝机组发电热效率分别为31.3%、36.7%、36.8%、37.2%、39.4%。2005年之前中国的燃煤发电技术水平、运行水平低于美、德、日等国家。"十一五"以来，我国煤电技术水平迅速提高，纯凝机组平均发电热效率2007年超过美国，2008年超过OECD均值，2009年超过韩国，2010年超过德国，2017年与日本持平。2017年，中国、OECD、美国、德国、日本的燃煤纯凝机组发电热效率分别为41.9%、37.6%、36.7%、40.1%、41.9%。如考虑同等运行条件，中国煤电热效率将高于日本。如考虑供热因素，中国、德国、韩国、OECD、美国煤电热效率分别为48.6%、44.3%、39.6%、39.0%、37.0%。

1990—2017年世界主要国家煤电发电效率变化如图5-19所示。

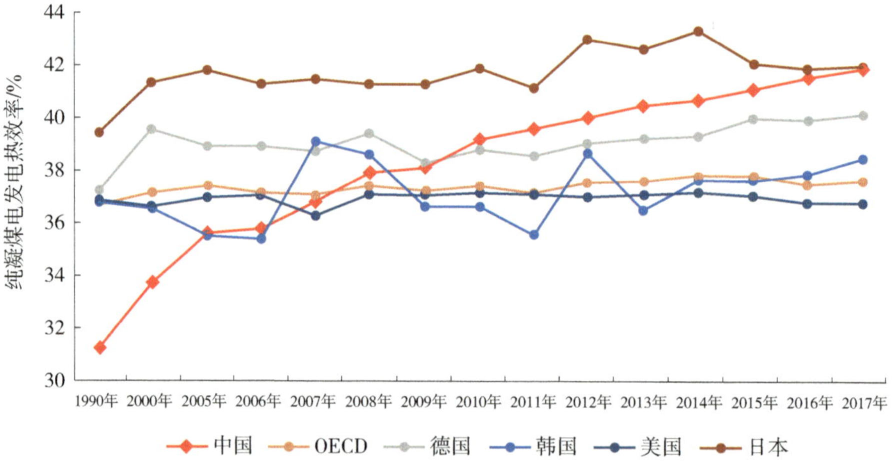

图 5-19　1990—2017 年世界主要国家煤电发电效率变化

2020 年，全国线路损失率为 5.6%，比 2015 年的 6.64% 下降了 1.04 个百分点。

2015—2020 年全国线路损失率变化情况如图 5-20 所示。

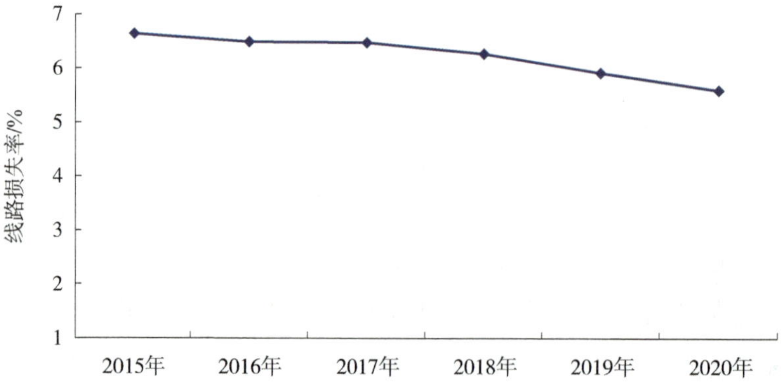

图 5-20　2015—2020 年全国线路损失率变化情况

2）节水方面。

随着火电结构的持续优化和节水技术的推广，发电水耗持续下降，2020 年全国火电厂单位发电量耗水量为 1.18 千克 /（千瓦・时），比 2015 年降低 0.22 千克 /（千瓦・时）。

2015—2020 年全国火电厂单位发电量耗水量如图 5-21 所示。

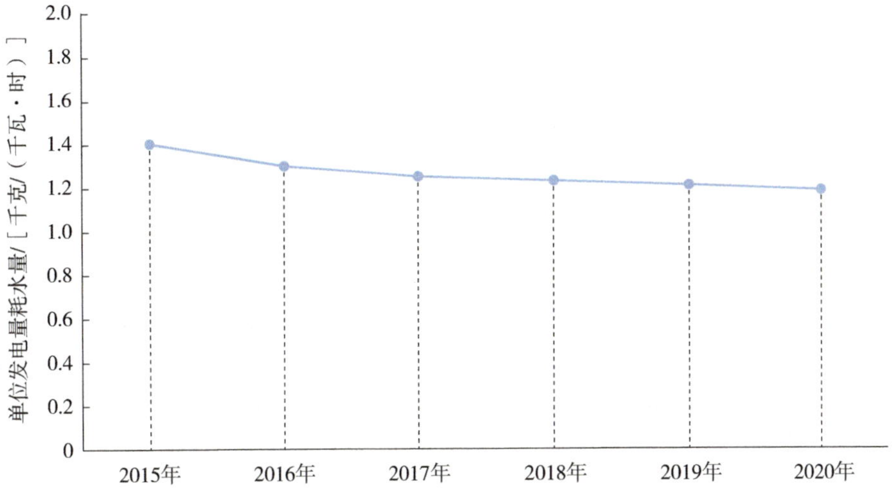

图 5-21　2015—2020 年全国火电厂单位发电量耗水量

（4）主要污染物排放水平

1）主要大气污染物排放控制方面。

根据中电联统计，2020 年，全国电力烟尘排放总量约为 15.5 万吨，较 2015 年下降 61.3%；单位火电发电量烟尘排放量约为 0.032 克/（千瓦·时），比 2015 年下降约 0.063 克/（千瓦·时）；全国电力二氧化硫排放量约为 78.0 万吨，较 2015 年下降 61.0%；单位火电发电量二氧化硫排放量约为 0.160 克/（千瓦·时），比 2015 年下降约 0.313 克/（千瓦·时）；全国电力氮氧化物排放量约为 87.4 万吨，较 2015 年下降 51.4%；单位火电发电量氮氧化物排放量约为 0.179 克/（千瓦·时），比 2015 年下降约 0.246 克/（千瓦·时）。

2016—2020 年火电行业主要大气污染物排放量及排放绩效情况如图 5-22、图 5-23 所示。

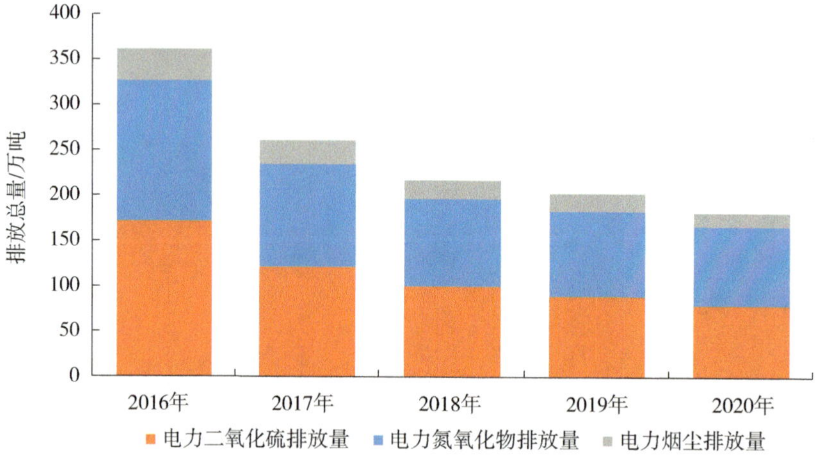

图 5-22　2016—2020 年火电行业主要大气污染物排放量情况

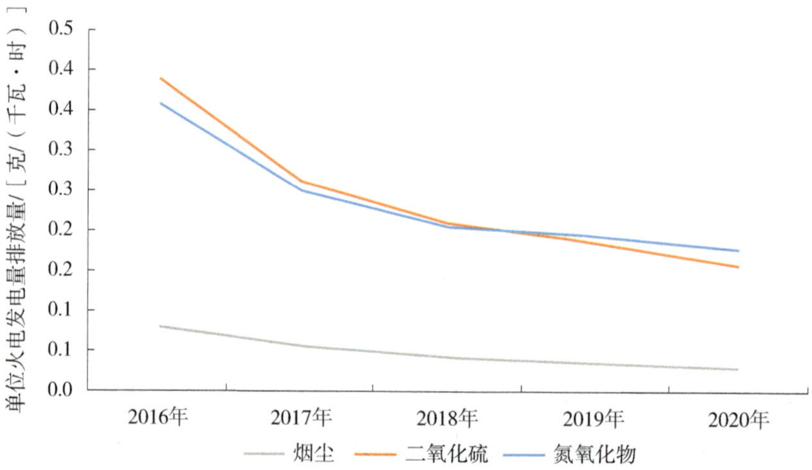

图 5-23　2016—2020 年火电行业主要大气污染物排放绩效情况

2）废水治理方面。

根据中电联统计，2020 年，全国火电厂废水排放量约 2.7 亿吨，比 2015 年下降 9.1%；全国火电厂单位发电量废水排放量为 52 克 /（千瓦·时），比 2015 年下降 18 克 /（千瓦·时）。

2016—2020 年全国火电厂废水排放量和排放绩效情况如图 5-24 所示。

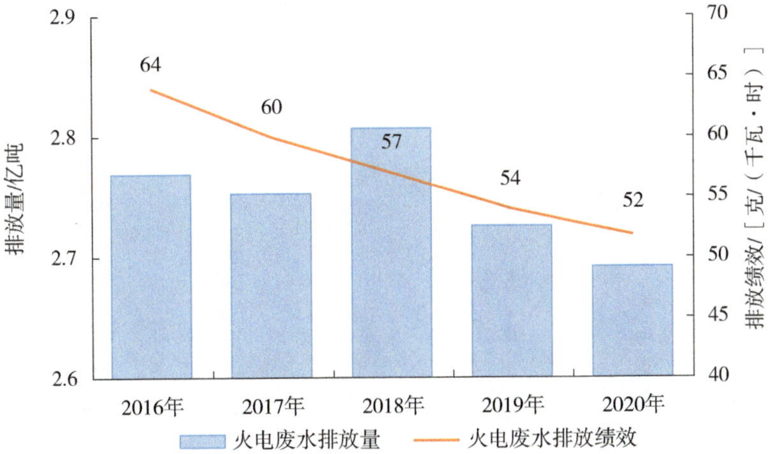

图 5-24 2016—2020 年全国火电厂废水排放情况

3）固废综合利用方面。

根据中电联统计，2020 年，全国火电厂粉煤灰综合利用量约为 4.2 亿吨，比 2015 年增加 0.7 亿吨；综合利用率为 74%，比 2015 年提高了 4 个百分点。2020 年，全国火电厂脱硫石膏综合利用量约为 6 350 万吨，比 2015 年增加 1 150 万吨；综合利用率为 76%，比 2015 年提高了 4 个百分点。

2016—2020 年全国火电厂固体废物综合利用情况如图 5-25、图 5-26 所示。

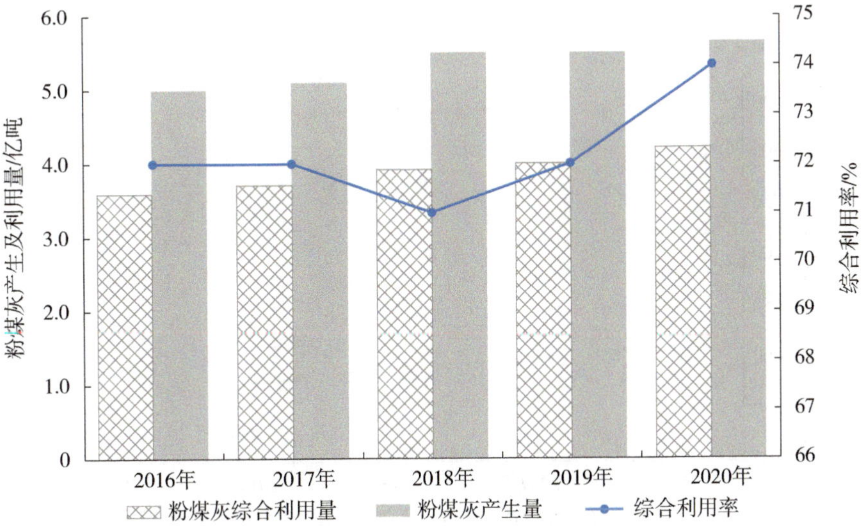

图 5-25 2016—2020 年全国火电厂粉煤灰综合利用情况

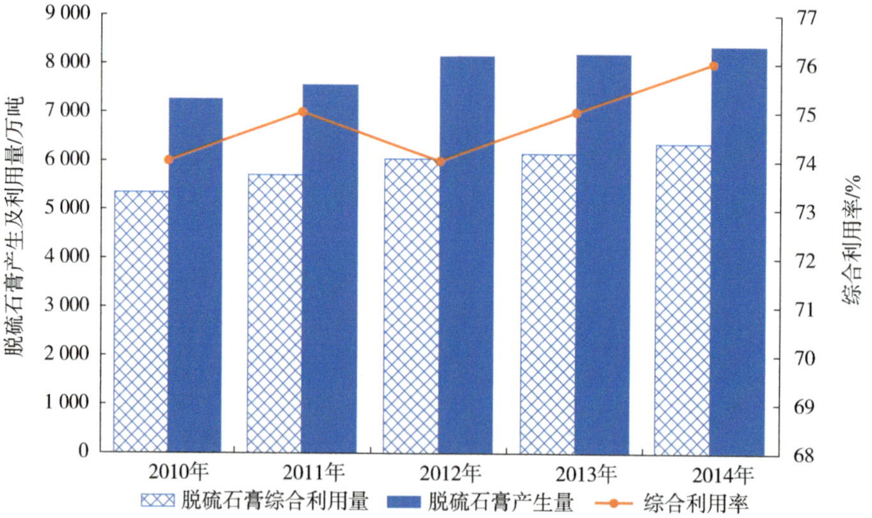

图 5-26　2016—2020 年全国火电厂脱硫石膏综合利用情况

4）碳排放强度方面。

根据中电联统计，2020 年，全国单位火电发电量二氧化碳排放约 832 克 /（千瓦·时），比 2015 年下降 62 克 /（千瓦·时）；单位发电量二氧化碳排放约 565 克 /（千瓦·时），比 2015 年下降 18 克 /（千瓦·时）。

2016—2020 年电力二氧化碳排放强度如图 5-27 所示。

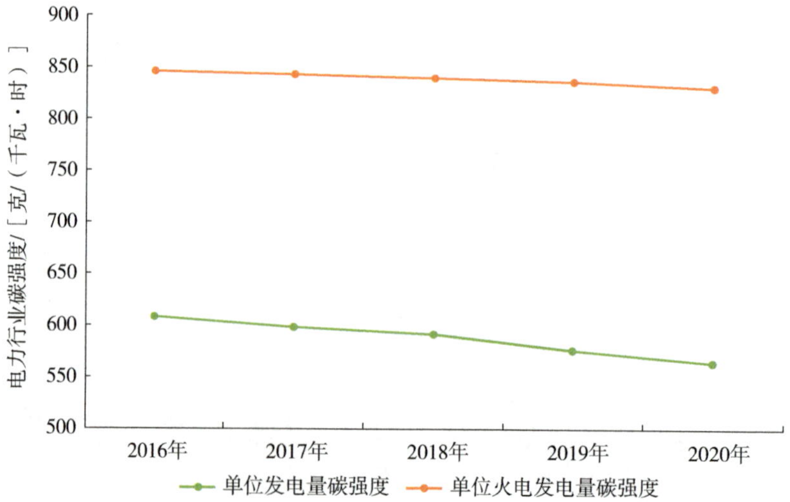

图 5-27　2016—2020 年电力二氧化碳排放强度

5.3.4 建议

一是统筹安排，稳步推进减污降碳协同治理。对于新建煤电机组，应充分论证建设的必要性和合理性，严格控制新建煤电机组规模。对于现役煤电机组，应结合电厂实际开展节能改造，提高效率降低煤耗；应结合当地供热需求开展供热改造，提高能源梯级利用效率；应结合电力系统对煤电机组调度要求开展灵活性改造，参与调峰支撑新型电力系统建设。此外，在满足节能、节水、环保要求的前提下，对接近设计寿命的电厂，开展针对性的评估和技术改造使其继续发挥作用，做好煤电延寿管理，更好地发挥经济效益。

二是完善市场机制，充分体现"双碳"目标下煤电机组发挥"托底保供"作用的成本。在当前能源电力低碳转型的进程中，为保障能源安全和稳定供应，煤电承担着"托底保供"的重要作用，为大规模新能源发电提供电力系统灵活性调节作用。但在煤电机组参与调峰的过程中，机组负荷水平并不是处于最佳的运行状态，这降低了机组能耗和污染物控制水平，导致煤电企业承担了相应成本。建议深化电力市场建设，加快建立现货市场、辅助服务市场和容量补偿机制，建立合理的电价机制疏导节能、节水、环保技改成本，给予提供调频、备用等辅助服务的煤电机组合理补偿。结合煤电形势，加大燃煤机组改造升级专项资金支持力度，分区域、分机组、分改造内容出台燃煤机组升级改造金融、退税等支持政策。

三是提高管理水平，在确保安全的前提下推进清洁生产。火电环保设施建设运行存在一定安全风险，如对贮存脱硝还原剂的氨罐必须进行风险源管理，废旧催化剂须按危废品处理处置等；此外，火电环保设施运维也存在安全隐患。国家主管部门已印发政策文件，要求电力行业针对危化品集中治理、运输处置以及加强环保设施安全生产与管理等，火电企业应提高安全风险责任意识、全面对照排查环保安全隐患、规范安全操作规程、按照要求落实技术改造，在保障安全的前提下推进清洁生产工作。

四是发挥大容量、高参数、低能耗火电机组基荷作用。优化电力运行调度的方式是当前经济性最好的节能手段之一，建议在统筹考虑机组特性和效益的基础上，加大煤电与其他电能的优化力度，提高大容量机组煤电负荷水平，将100万千瓦、60万千瓦机组作为基荷电源，更好地发挥大容量、高参数机组能效作用，通过优化调度，逐步实现更大范围的系统性节能和降碳。

五是完善标准，探索推进超低排放下达标考核新机制。鉴于我国排放标准与欧盟、美国标准体系具有相似性，可以参照欧盟标准形式，在排污许可执法时给予煤电机组环保设施故障豁免，同时增加长时间度的平均排放限值（如30日滚动均值）可以有效对冲电厂无法时时达标的情况。此外，依据节能改造进程，适时修订相关标准，提升节能标准约束力，给予节能改造支撑。

5.4 制革行业清洁生产进展

5.4.1 制革行业发展现状和趋势

皮革是人类最早的文化产物之一，制革行业源远流长，与人类文明的发展息息相关。如今，皮革工业已成为我国轻工业的支柱产业之一，属以畜牧副产品为基础原料进行深加工的产业。2020年，欧洲制革协会联盟（COTANCE）和欧洲工业工会对皮革行业社会和环境报告（SER）做出总结，指出皮革是循环经济产品的最好例子，制革厂将肉类加工的副产品加工成皮革，而制革产生的废料都被回收利用，用于制造明胶、胶原蛋白、肠衣、化肥等。

在20世纪末和21世纪初，制革行业逐渐向发展中国家转移，形成了全球分工协作、差异化竞争的新格局。亚洲地区充分利用丰富的原料皮资源、廉价的劳动成本，以广阔的皮革消费市场为后盾，逐渐取得了长足发展，现已成为世界重要的原料皮和成品革生产基地。尤其东南亚地区制革工业迅速崛起，以中国、越南、印度、泰国等国为代表，制革工业突飞猛进，逐步抢占了国际市场，与此同时，他们越发注重提高产品附加值，发展皮革产品深加工。“十三五”（2016—2020年）时期，我国皮革行业坚持稳中求进工作总基调，在国家深化改革、扩大开放的背景下，有效应对国际国内各种风险挑战，这一时期行业规模效益平稳发展，产业结构不断优化，转型升级取得新成果，在全球皮革产业链中的地位进一步巩固。

（1）皮革行业经济发展情况

"十三五"期间，我国皮革行业经济运行总体平稳，经济结构持续优化，企业从追求规模效益走向注重提质增效，行业竞争力持续提升，不仅进一步夯实了世界皮革大国的地位，同时也向世界皮革强国迈出了坚实的步伐。从行业运营情况来看，2015—2020 年营业收入与利润波动下降，如图 5-28、图 5-29 所示。2020 年，我国规上皮革企业销售收入 9 593.07 亿元，利润总额 537.89 亿元，降幅分别为 19% 和 33%；轻革产量 5.77 亿米 ^{2}，占世界总产量的 20% 以上。轻革、鞋、皮革服装、毛皮服装、箱包产量均居世界首位。2020 年，我国皮革行业出口总额 680.67 亿美元，进口总额 152.39 亿美元，进出口额居世界首位，为国家稳增长、稳外贸、稳就业做出了重要的贡献。

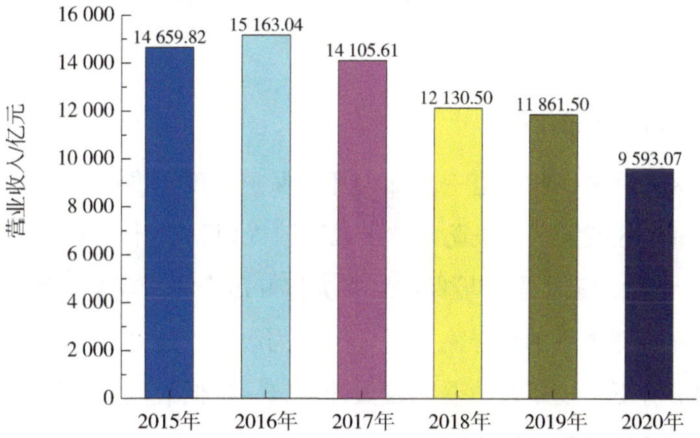

图 5-28　2015—2020 年中国皮革行业营业收入变化情况

数据来源：国家统计局。

"十三五"期间，皮革行业注重技术创新和集约式发展，积极向创新型、集约型、生态型产业集群转型升级，逐渐形成优势互补高质量发展的区域经济布局。目前，皮革产业集群共有 42 个，分布在 14 个省市，以长江三角洲、珠江三角洲、海峡西岸经济区和环渤海地区为主。据行业统计，2020 年皮革产业集群的销售收入总额为 4 985.86 亿元，达到行业规模以上企业总收入的 45.4%，较“十二五”末提高 2.01 个百分点（引自《皮革行业“十四五”高质量发展指导意见》）。

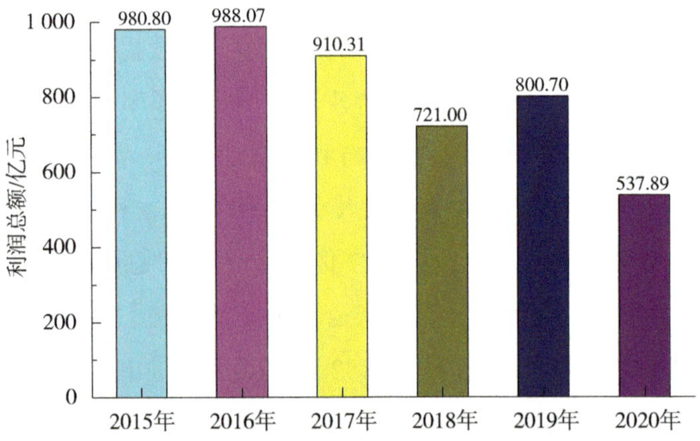

图 5-29　2015—2020 年中国皮革行业利润总额

数据来源：国家统计局。

（2）国家相关政策文件

党的十八大以来，我国进一步加大环境保护力度，推进环境保护进程，制定发布了《重点区域大气污染防治“十二五”规划》《“十三五”生态环境保护规划》《关于全面加强生态环境保护　坚决打好污染防治攻坚战的意见》《关于构建现代环境治理体系的指导意见》等一系列政策、规划。在环保政策及监管日益严格的形势下，皮革行业受到较大冲击，一批低效能、环保治理不达标的企业被淘汰，行业转型升级优化需求越发迫切。2020 年 9 月 22 日，在第七十五届联合国大会上，“碳中和”被高亮提及。《国务院关于印发 2030 年前碳达峰行动方案的通知》（国发〔2021〕23 号）明确表示，中国要提高国家自主贡献力度，采取更加有力的政策和措施，二氧化碳排放力争于 2030 年前达到峰值，努力争取 2060 年前实现碳中和。

为促进产业合理有序转移，工业和信息化部于 2018 年 12 月印发了《产业发展与转移指导目录（2018 年本）》。国家发展改革委于 2019 年 11 月发布了《产业结构调整指导目录（2019 年本）》，明确了鼓励类、限制类、淘汰类产业。工业和信息化部《产业发展与转移指导目录（2018 年本）》- 制革部分摘录见表 5-6,《产业结构调整指导目录（2019 年本）》- 制革部分摘录见表 5-7。2020 年 12 月，国家发展改革委、科技部、工业和信息化部、自然资源部联合发布了《绿色技术推广目录（2020 年）》，其中"利用皮革固体废物生产复鞣剂和填料技术""无毒无害皮革清洁生产技术"被纳入其中。2021 年 12 月，工业和信息化部和水利部联合发布了《国家鼓励的工业节水工艺、技术和装备目录（2021 年）》，其中"制革加工主要工序循环利用集成技术"被纳入。

表 5-6　工业和信息化部《产业发展与转移指导目录（2018 年本）》– 制革部分

区域	产业引导	行业名称	省市地区
西部地区	优先承接的产业	皮革、毛皮鞣制及制品加工	巴彦淖尔市、乌兰察布市、锡林郭勒盟、呼伦贝尔市、阿拉善盟
		皮革鞣制及制品加工、制鞋	玉林市、贵港市、钦州市
		高档皮革、合成皮革、中高档鞋	资阳市、泸州市、广元市、巴中市、雅安市
		皮革、毛皮鞣制及制品加工	临夏州、甘南州、兰州市
		皮革及皮革制品	西宁市、海东市
		皮革、毛皮鞣制及制品加工	博尔塔拉州、克孜勒苏州、乌鲁木齐市、伊犁州、喀什地区
	引导逐步调整退出的产业	皮革鞣制加工	关中地区、陕南地区
		毛皮鞣制及制品、纸制品	金昌市
	引导不再承接的产业	制革	贵安新区
东北地区	优先承接发展的产业	皮革鞣制、皮革制品、毛皮鞣制及制品、制鞋	大连市、辽阳市、阜新市、沈阳市
		皮革、毛皮及其制品	哈尔滨市、大庆市
中部地区	优先承接的产业	高档皮革和毛皮及制品、制鞋	洛阳市、焦作市、许昌市、漯河市、商丘市
		皮革鞣制加工、皮革制品、制鞋	邵阳市、湘潭市、衡阳市、怀化市、永州市

续表

区域	产业引导	行业名称	省市地区
中部地区	引导逐步调整退出的产业	皮革	襄阳市
		皮革、毛皮、羽毛及其制品和制鞋业	鄂州市
	引导不再承接的产业	皮革、毛皮、羽毛及其制品和制鞋	北京市
		皮革鞣制加工（省级及以上工业园区除外）	河北省
		毛皮鞣制加工（省级及以上工业园区除外）	河北省
		皮革、毛皮、羽毛及其制品和制鞋	廊坊市、保定市京冀交界地区

表 5-7 《产业结构调整指导目录（2019 年本）》– 制革部分

鼓励类	制革及毛皮加工清洁生产、皮革后整饰新技术开发及关键设备制造、含铬皮革固体废弃物综合利用；皮革及毛皮加工废液的循环利用，三价铬污泥综合利用；无灰膨胀（助）剂、无氨脱灰（助）剂、无盐浸酸（助）剂、高吸收铬鞣（助）剂、天然植物鞣剂、水性涂饰（助）剂等高档皮革用功能性化工产品开发、生产与应用
	皮革染色用高耐洗、高氯漂、高匀染、高遮盖力的酸性染料，高色牢度、功能性还原染料，高色牢度、功能性、低芳胺、无重金属、易分散、原浆着色的有机颜料，采用上述染料、颜料生产的水性液态着色
限制类	年加工生皮能力 20 万标张牛皮以下的生产线，年加工蓝湿皮能力 10 万标张牛皮以下的生产线
淘汰类	年加工生皮能力 5 万标张牛皮、年加工蓝湿皮能力 3 万标张牛皮以下的制革生产线

（3）皮革行业技术创新及节能减排情况

“十三五”期间，我国皮革行业结构调整持续深入，自主创新能力不断提高，质量水平进一步提升。在绿色皮革化学品、清洁生产技术、智能制造等领域的诸多关键技术都取得自主知识产权，行业自主创新能力、技术装备水平和新产品开发能力整体提升。据行业统计，“十三五”期间，皮革行业环保治理和清洁生产投入年均增速达到7.14%。"十三五"末，皮革企业环保治理和清洁生产投入占销售收入总额的7.25%，较"十二五"末提高了2.57个百分点。随着清洁生产与末端治理技术的提升与推广，制革和毛皮加工行业污染物的排放量大幅降低，废水排放量、化学需氧量、氨氮排放量较"十二五"末分别下降13.5%、36.58%、39.45%，水重复利用率较"十二五"末提高10%。"十三五"期间，产业整体配套能力不断增强，我国皮革化工企业在产品性能稳定和创新方面取得显著突破，国产皮化材料在全球的市场份额约占10%，约占国内市场份额的60%。各种新型原辅材料快速崛起，在性能提升和技术进步方面突飞猛进（引自《皮革行业"十四五"高质量发展指导意见》)。

5.4.2 制革行业发展面临的问题

（1）皮革行业系统创新能力不足

在产品创新、工艺创新、链条创新和模式创新上还没有形成深度有序的呼应。现有科研机构分散，单打独斗现象突出，与区域外先进科研机构或设计平台协同能力不足，资源无法共享，科研能力不能形成合力，研发机构的功能全而不强，研究领域广而不深，行业关键共性技术攻关能力不足；以企业为主体的创新体系尚不健全，企业创新意识和能力不强，研发投入比重偏低，基础性研究和前瞻性研究投入不足，新产品研发和销售比重不高，创新人才匮乏，科技成果转化率较低，行业合力攻关能力不足，行业发展和转型升级受制约。

（2）行业利润率长期处于低水平状态

企业劳动力成本上升、环保治理和清洁化生产及环保管理等费用增加，而通过技术创新开发具有功能性、环保型、时尚性皮革的能力还略显不足，销售终端难以通过提价来消化增加的成本，以上诸多因素加重了企业的成本负担，也使得企业盈利能力下降，影响了行业发展。

（3）皮革行业自动化、智能化水平有待进一步提升

作为传统的制造业，皮革企业主要依靠廉价劳动力来维持成本。然而，随着我国老龄化加快，人口红利逐渐消失，社会经济结构不断变化，大量劳动力涌入第三产业，制造业劳动人口显著下降，生产成本上升。此外，皮革行业生

产设备的智能化、自动化程度一直未有较大改善，生产和流通等信息传达不及时，生产效率低下造成生产成本的增加。目前仍存在智能化推进速度和水平偏低等问题，一些高端的自动化、智能化装备更是依赖国外进口。

（4）品牌影响力整体较弱，品牌附加值较低

“十三五”期间，我国皮革行业品牌影响力整体仍然较弱，家喻户晓的品牌不多，有国际影响力的品牌相对更少，在全球价值链中基本处于中低端水平。我国皮革产业的特点是强于制造生产，弱于设计和品牌营销，向上突围和向外拓展能力不足。龙头企业引领作用不强，难以带动高水平全价值链的增值活动。绝大多数企业没有设立品牌运营团队，以批发和贴牌为主，发展仍以量取胜。企业品牌形象还不能深入人心，区域品牌还没有被国内外市场认知。

（5）劳动力资源短缺现象加剧

受人口老龄化与逐年递减的人口出生率的影响，我国劳动力出现结构性短缺，且适龄就业青年对传统制造型企业的工作不太热衷，导致皮革行业劳动力资源短缺。另外，相关专业毕业生就职于皮革行业的比例不高且人才流失严重，人才储备和人才培养方式已经难以满足行业科研、市场和产业升级的需求。

5.4.3 “十三五”制革行业清洁生产进展

（1）无铬鞣剂及配套工艺技术开发

铬鞣革具有强度高、柔软、丰满性好等优点，自其应用以来一直在鞣制领域中占据统治地位。目前，国内外皮革加工还是主要采用铬鞣法，而由此产生的含铬废水、含铬固废、含铬废弃皮革制品等均可能导致环境污染，这一问题逐渐成为制约制革工业持续发展的技术“瓶颈”。在我国“五位一体”发展战略总体布局新形势下，无铬鞣皮革的制造是制革行业未来发展的主要方向，而无铬生态皮革的制造依赖于鞣制性能优良的无铬鞣剂及其配套工艺的开发。

“十三五”期间，我国无铬鞣皮革占比约在30%，其生产加工主要采用有

机膦盐、改性戊二醛以及部分非铬金属鞣剂。但是，现有的改性戊二醛、有机膦盐、噁唑烷等鞣剂因采用甲醛作为基础合成原料，在鞣制过程中会不断释放甲醛，易导致皮革/裘皮制品中游离甲醛含量超标，而且有机膦盐鞣剂还可能造成水体富营养化。另外，非铬鞣性金属的储量有限，加之近年来随着全球战略性新兴产业的高速发展，各大工业国之间围绕关键金属矿产资源的竞争不断升级，矿产资源作为国家战略资源的保障性问题和紧迫性问题日益突出。

近年来，在新时代社会经济发展需求的牵引下，产业结构不断优化升级，节能减排和生态环境保护扎实推进，以期推动各产业高质量发展。在此大背景下，2019 年国家发展改革委修订发布了《产业结构调整指导目录（2019 年本）》，其中明确指出生物可降解高分子及其系列产品开发、生产与应用，高档皮革用功能性化工产品开发、生产与应用等均为鼓励发展的产业。基于可再生资源开发新型无铬鞣剂已成为研究热点，这对于皮革产业的绿色可持续发展具有十分重要的战略意义。

目前我国制革行业每年会使用约 10 万吨的铬鞣剂和 3 000～5 000 吨的改性戊二醛、有机磷盐等无铬鞣剂。这些鞣剂分子普遍较小，活性基团单一，鞣制性能不足。另一问题是，这些鞣剂主要与皮胶原的氨基反应，会使革坯的等电点显著降低，导致后续染整材料（目前普遍为阴离子型材料）的结合率低，从而使成革质量与铬鞣革有较大差距。2010 年，科莱恩公司推出了不含甲醛的有机鞣剂 F-90（改性三聚氯氰），但其所鞣制革坯的收缩温度低（T_s=72℃），且仍未改善鞣剂分子小、基团单一的问题，因此，成革质量仍与铬鞣革有较大差距。"十三五"期间，四川大学和四川亭江新材料股份有限公司共同研发了有机聚合物鞣剂 TWS 和 TWLZ。

无铬鞣剂目前已工业化的产品包括斯塔尔公司的无铬有机鞣剂 F-90，朗盛公司的无铬有机鞣剂 X-tan，陶氏化学的 ZOLDINE 以及四川亭江新材料有限公司的 TWT、TWS 和 TWLZ 系列产品。其主要应用情况分析如表 5-8 所示。

表 5-8　无铬鞣剂目前主要应用情况分析

序号	生产商	产品	鞣剂类型	应用情况
1	斯塔尔（Stahl）公司	无铬有机鞣剂（F-90 鞣剂）	三聚氯氰	可应用于不浸酸鞣制工艺，但鞣性较弱，仅在少量制革企业作为预鞣剂使用
2	朗盛(Lanxess）公司	无铬有机鞣剂（X-tan 鞣剂）	聚氨基甲磺酸盐	鞣性较弱，不便作为主鞣剂使用，且尚未实现批量生产
3	陶氏化学（Dow）	无铬有机鞣剂 ZOLDINE	噁唑烷	鞣性较优良，但成革物性欠佳，甲醛释放量较大，可与其他鞣剂配合用于部分皮革 / 裘皮生产
4	四川亭江新材料有限公司	TWT、TWS	TWT、TWS（合成有机多醛类化合物）	TWT 和 TWS 为合成的有机鞣剂，鞣性优良，会释放一定量的甲醛，目前已在多家制革企业进行销售应用（TWLZ 为无铬多金属络合物鞣剂，鞣性优良，但鞣制革坯阳电荷过强，目前在多家制革及毛皮加工企业进行推广应用）
		TWLZ	TWLZ（无铬多金属络合物鞣剂）	TWLZ 鞣剂是四川大学与亭江新材料的产学研成果，双方目前也在开展 TWLZ 产品的迭代升级工作

从目前无铬鞣剂的发展来看，开发有机鞣剂及其配套鞣制技术是生态皮革制造的关键。国内外已有的研究和实践表明，这项技术的实施，需要在鞣制、染整材料的研究和开发上取得系统性突破，从而构建生态皮革鞣制染整关键材料体系。通过全产业链技术衔接与集成，促进生态皮革的产业化和市场化推广。

（2）主要工序废液循环利用技术

我国皮革行业年排放废水 1 亿多吨、COD 约 20 万吨、悬浮物约 15 万吨、固体废物约 100 万吨。制革生产的污染主要有 3 个方面：硫化物污染、有机物污染和铬盐污染。制革生产中几乎所有的硫化物污染都来自脱毛浸灰工序，60% 以上的有机物、40% 以上的总氮和 70% 以上的 COD 也来自脱毛浸灰工序。另外，目前铬鞣法在制革的鞣制工序中占有统治地位，制革生产中的铬盐污染主要来自铬鞣工序。

制革主要工序废水循环利用集成技术，包括浸灰脱毛工序的保毛脱毛方法以及浸灰废液高效循环利用技术和铬鞣工序的铬鞣废液全循环利用技术，通过清洁化脱毛浸灰工序和铬鞣工序的关键技术，基本可以解决制革生产中硫化物、有机物和铬盐污染，而且通过浸灰液和铬鞣液的循环可以节约大量的水资源，大幅度降低企业的生产成本，对实现清洁制革生产具有决定性的意义。

"十三五"期间，制革主要工序废水循环利用集成技术在规上企业有一定的推广应用，但仍存在未进行实际持续运营的情况。随着"制革主要工序废水循环利用集成技术"被列入《国家鼓励的工业节水工艺、技术和装备目录（2021 年）》，需要配合相关国家政策对企业实施技术给予一定的监督和激励。

1）浸灰废液高效循环利用技术。

在浸灰脱毛工序中，硫化物脱毛法在皮革生产的脱毛方法中占据着绝对的主导地位，因为其可以实现脱毛干净而且速度快，容易获得而且成本低廉，操作简便、容易控制，可实现保毛脱毛或毁毛脱毛，产品质量好而且比较稳定，适用的皮革种类广。但同时硫化物脱毛法也存在污染大这一致命缺点，其污染主要包括硫化物的污染、有机物的污染和氨氮的污染。

浸灰废液高效循环利用技术是将 3 种清洁化脱毛浸灰方法（保毛脱毛法、浸灰废液循环法、浸灰废液中硫化物和蛋白质回收法）进行创新改进、有机整合，充分利用各种方法的优点，从而形成的一种效果优良的新型清洁化脱毛浸灰技术——浸灰废液高效循环利用技术。同时，配套回收硫化钠和蛋白质生产型设备，并基于该设备使用浸灰废液氨氮脱除技术，并利用废毛和回收蛋白质生产复鞣填充剂。另外，从浸灰废液中回收硫化钠和蛋白质设备还可以用于处理浸灰脱毛工序产生的氨氮，从而降低浸灰废液中的氨氮含量。

浸灰废液中悬浮物含量降低了 50% 以上，硫化钠回收率达到 95% 以上，COD 的去除率达到 90% 以上，氨氮的脱除率达到 80% 以上。此外，将去除硫化钠、蛋白质和氨氮后的清液回用于预浸水工序，实现了浸灰废液的全循环，如图 5-30 所示。

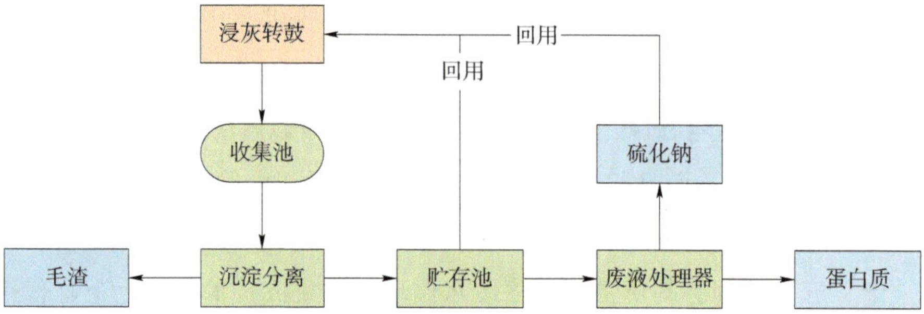

图 5-30　浸灰废液全循环利用技术

2）铬鞣废液全循环利用技术。

目前铬鞣废液的处置方式是通过专用管道收集含铬盐的废液，在滤液中加入碱性材料，调节溶液 pH 生成氢氧化铬沉淀，同时加入絮凝剂加速沉淀，再通过压滤得到铬泥。由于铬泥属于危险废物，目前都是交付危险废物处理中心统一进行填埋处理，以防铬盐对环境造成危害，但这种处置方式存在以下几个方面的缺点：

①处置成本高。由于填埋处置方法会占用有限的土地资源，还需要采用防渗漏等处置措施，成本比较高。一般每吨铬泥的填埋处置费用都在 1 500 元以上，有的地方甚至高达 4 000 元以上，企业危废处理处置费用高昂。

②对有限资源的浪费。铬是不可再生资源，而且是居第一位的战略金属，铬在地壳中的含量为 0.035%，属于稀缺资源。我国目前探明的铬矿石储量仅占世界总储量的 0.825%，属于贫铬资源国家，每年需要进口铬矿 200 多万吨，进口的依存度为 95% 以上。目前对铬泥进行填埋的处置方式，没有对有限的自然资源进行有效利用，不符合循环经济的要求。

③没有从根本上解决铬盐的污染问题。对铬泥的填埋处理只是通过埋藏使铬泥与外界隔绝，仅是临时解决铬泥的危害，并没有从根本上解决铬泥的污染问题，而且填埋的铬泥有可能会发生泄漏，重新对环境造成危害。

铬鞣废液全循环利用技术是针对传统直接循环法中阴铬络合物及硫酸铬鞣剂鞣性较弱、所得蓝湿革收缩温度低等问题，通过过滤除去铬鞣废液中的固形物杂质，用硫酸将铬泥溶解，通过加热水解使与铬盐结合的蛋白发生水解，并破坏小分子有机物与铬盐的结合，然后再加碱使铬盐沉淀出来，进一步将铬盐溶解，氧化结束后再使用还原剂将残留的氧化剂还原成具有鞣性的三价铬，得到更纯净的铬鞣剂，再将铬鞣剂部分代替铬粉回用于铬鞣工序中。通过氧化法将残留的与铬结合的小分子有机物氧化去除，使回收的铬盐重新获得良好的鞣性，并且降低了铬鞣剂的颜色，从而消除了铬鞣废液循环对皮革产品质量的影响。

铬鞣剂的回收率达到 99% 以上，回收铬鞣剂后的上清液中铬含量达到 1.5 毫克 / 升以下，并将上清液回用于浸酸工序，实现了铬鞣废液的全循环，如图 5-31 所示。将浸灰废液和铬鞣废液实施全循环技术后制革总用水量降低了 30% 以上。

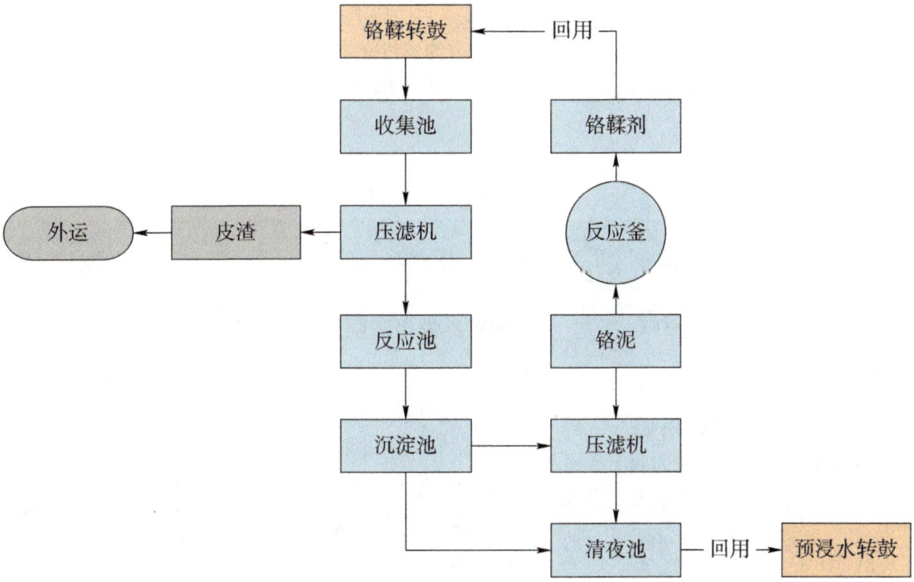

图 5-31　铬鞣废液全循环利用技术

（3）含铬固废资源化利用技术

《国家危险废物名录（2021 年版）》于 2020 年 11 月 27 日由生态环境部联合国家发展改革委、公安部、交通运输部、国家卫生健康委向社会公布，并于 2021 年 1 月 1 日起正式施行，使用铬鞣剂进行铬鞣、复鞣工艺产生的废水处理污泥和残渣，皮革、毛皮鞣制及切削过程产生的含铬废碎料，使用氢氧化钙、硫化钠进行浸灰产生的废碱液等三项制革行业废物赫然在列（表 5-9），对以含铬皮革废碎料为原料生产皮件、再生革或静电植绒的利用过程给予豁免（表 5-10）。

表 5-9 《国家危险废物名录（2021 年版）》– 制革部分

废物类别	行业来源	废物代码	危险废物	危险特性
HW21 含铬废物	毛皮鞣制及制品加工	193—001—21	使用铬鞣剂进行铬鞣、复鞣工艺产生的废水处理污泥和残渣	T*
		193—002—21	皮革、毛皮鞣制及切削过程产生的含铬废碎料	T*
HW35 废碱	毛皮鞣制及制品加工	193—003—35	使用氢氧化钙、硫化钠进行浸灰产生的废碱液	C，R**

注：* 对生态环境和人体健康具有有害影响的毒性（Toxicity，T）；
** 腐蚀性（Corrosivity，C），反应性（Reactivity，R）。

表 5-10 《危险废物豁免管理清单》– 制革部分

废物代码	危险废物	豁免环节	豁免条件	豁免内容
193-002-21	含铬皮革废碎料（不包括鞣制工段修边、削匀过程产生的革屑和边角料）	运输	运输工具满足防雨、防渗漏、防遗撒要求	不按危险废物进行运输
		处置	满足《生活垃圾填埋场污染控制标准》（GB 16889—2008）要求进入生活垃圾填埋场填埋，或满足《一般工业固体废物贮存、处置场污染控制标准》（GB 18599—2001）要求进入一般工业固体废物处置场处置	填埋处置过程不按危险废物管理
193-002-21	含铬皮革废碎料	利用	用于生产皮件、再生革或静电植绒	利用过程不按危险废物管理

含铬皮革废碎料的传统处理方法包括焚烧法、填埋法等，但这些处理方法无法有效利用固废中的胶原蛋白和铬，造成胶原蛋白的浪费和重金属铬的二次污染。资源化利用方式又包括直接利用和间接利用。

1）直接利用。

直接利用含铬皮革废碎料的基本原理是利用废碎料中的纤维特性和吸附特性，使用物理法或化学法制备再生纤维革、植绒粉、吸附剂等再生材料。其中，制备再生纤维革和植绒粉是含铬皮革废碎料最直接的资源化处置方法（两种工艺流程如图 5-32、图 5-33 所示），同时也是《国家危险废物名录（2021 年版）》中豁免的危废处置技术。

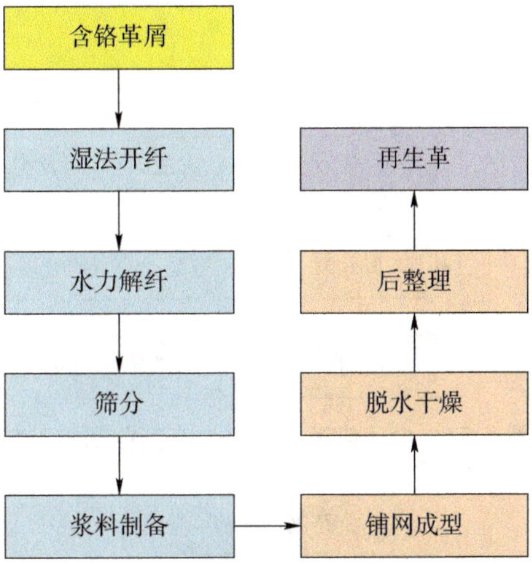

图 5-32　含铬皮革废碎料生产再生革工艺

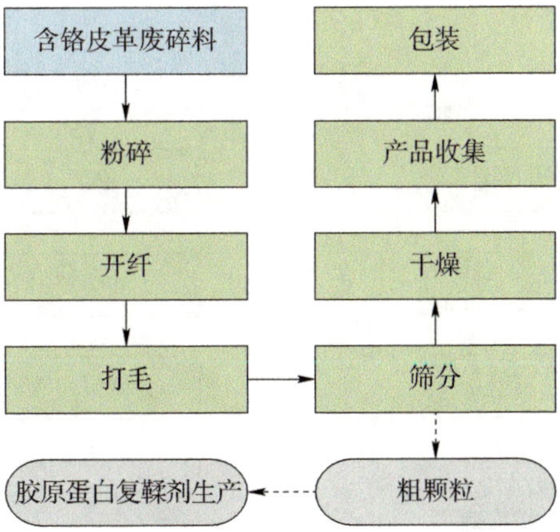

图 5-33　含铬皮革废碎料生产静电植绒粉的工艺

2）间接利用。

间接利用含铬皮革废碎料的基本原理是通过化学法、生物法等技术手段，对含铬皮革废碎料进行脱铬、水解，制备工业明胶和工业蛋白（工艺流程如图 5-34、图 5-35 所示），分别应用于制革、动物饲料、农业、医药、纺织、化工原料、造纸、肥料、环保等诸多生产领域。

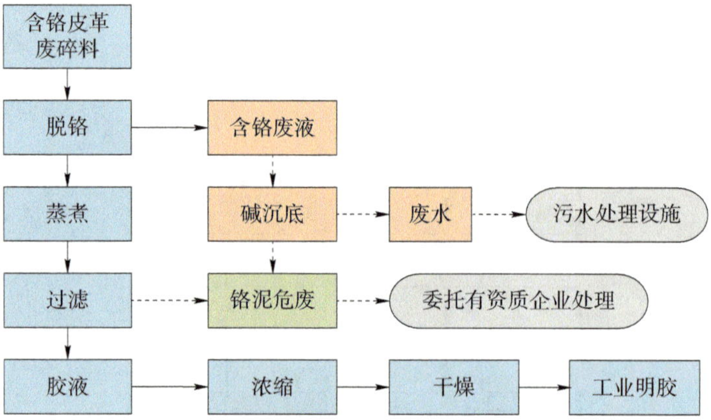

图 5-34　含铬皮革废碎料生产工业明胶工艺

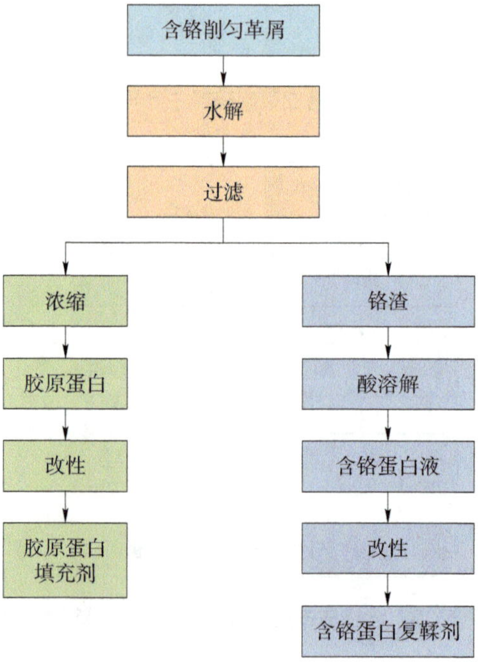

图 5-35　含铬皮革废碎料生产工业蛋白工艺

含铬皮革废碎料的直接利用方式被豁免，但其对含铬皮革废碎料的利用量有限，而其间接利用方法，即从含铬革屑中提取胶原蛋白技术，须申请危废处理资质，取得相关资质花费时间长、投入大，以致可以处理含铬皮革废碎料的企业数量较少，其资源化利用技术虽然已相对成熟，但至今尚未形成规模应用。这一度造成含铬皮革废碎料长期积压在生产企业暂存库，无法得到及时处理，影响企业正常生产的局面，同时也使企业存在危险固废存贮期限超期，造成违规遭受处罚的风险。另外，由于有资质处理的企业数量少，含铬皮革废碎料的处理费用已被推高至 1 500 元 / 吨，再加上昂贵的危险废物运输费用，给制革企业带来了较大的经济负担。含铬皮革废碎料的处置问题成为制革企业最为棘手的共性问题，这一技术"瓶颈"限制了制革企业的可持续发展。

"十三五"期间，为了便于企业实现含铬革屑自行资源化利用，含铬削匀革屑（含铬皮革废碎料）的厂内资源化利用技术及配套设备开始示范推广（开发流程如图 5-36 所示），该技术的推广可以使企业在工厂内部实现固废的资源化利用，这不仅有效降低了制革行业危险固废产生量，为企业节约了危废处理费用，而且将稳步助力制革产业可持续发展。

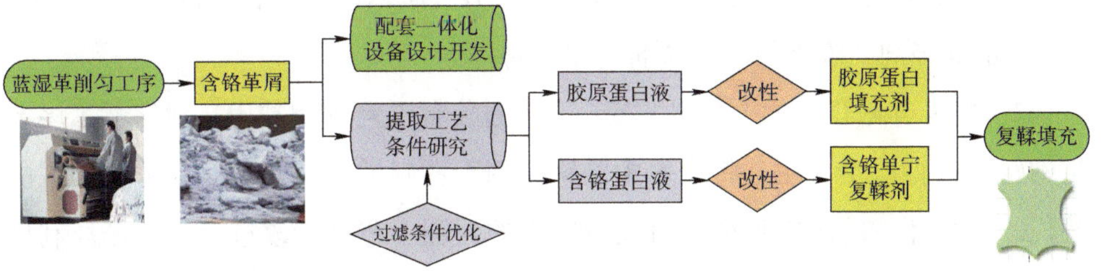

图 5-36　含铬革屑厂内资源化利用技术及配套设备开发

（4）绿色制造体系建设情况

随着工业和信息化部绿色制造体系评价的推进，制革企业逐渐引入生态设计理念，在整个加工过程中从源头减少有毒、有害物质的使用，使用回收料、再生料，通过提升工艺、更新换代新型设备，实现节能降耗和减少污染物的产生和排放，通过质量控制，确保产品质量符合生态皮革的需求。"十三五"期间，我国共有 16 家制革企业获国家级绿色工厂认定。先后制定了《排污许可证申请

与核发技术规范　制革及毛皮加工工业—制革工业》(HJ 859.1—2017)、《取水定额　第55部分：皮革》(GB/T 18916.55—2021)、《制革行业绿色工厂评价导则》(QB/T 5572—2021)、《绿色设计产品评价技术规范　皮革》(QB/T 5573—2021)等国家和行业标准,《制革行业节水减排技术路线图(修订版)》《制革装备行业技术发展路线图》等行业引导性文件相继发布，环保核查、绿色工厂认定和国家清洁生产示范项目积极推进，为推动行业节能减排、绿色发展发挥着重要作用。全行业环保意识显著增强，环保投入稳步增长。企业在清洁生产方面的提升主要体现在以下几个方面：

1)绿色环保化工材料使用。在脱毛工序，采用无硫低硫化工材料，减少硫化物的产生；在脱灰工序，使用无氨脱灰剂代替氯化铵等含氨氮比较高的化学材料，减少废水中氨氮的量；在浸酸鞣制工序，选用少盐浸酸助剂、无铬鞣剂、植物鞣剂等环保材料；在复鞣工序，采用低铬、无甲醛、高吸收、低氮低盐、无/低游离甲醛复鞣剂，使用从革屑提取的蛋白填料，促进固体废物的资源化利用；在染色加脂工序，采用高吸收染料、无卤代有机物、可降解加脂剂；在涂饰工序，选用水溶性涂饰剂、环保型着色材料、高效交联材料，减少VOCs的排放量。不使用国际上禁用的偶氮染料及含致癌芳香胺基团的染料，以及不含APT/APEO的润湿剂、脱脂剂、复鞣剂、加脂剂。

2)减少有毒有害化工材料的使用。通过铬鞣循环利用技术，对铬鞣工序产生的铬液进行再生利用，将废水中的铬回用于鞣制工序，实现对新鲜铬鞣剂的替代，减少环境的污染负荷。对浸灰废水的处理工艺进行改进，通过循环利用工艺代替最初的直接收集处理，实现浸灰废水的循环利用，减少浸灰工段硫化物的使用量。

3)节能减碳措施的应用。

①余热回收。

在生产过程中注重能源的高效利用，减少资源、能源等方面的不必要浪费，主要通过蒸汽余热回用和设备余热回用两方面对余热进行再利用，使能源得到最大限度的利用。采用梯度利用蒸汽工艺，减少原始蒸汽的消耗量，主要原理如下：皮革绷板、喷浆机烘干过程涉及蒸汽的使用，蒸汽加热完成后，通过管道收集蒸汽冷凝水，存至储水罐，并利用储水罐内的液位器，自动调整水量，将热水输送至车间，应用于生产，在节约水资源的同时，对余热进行回用。对于设有锅炉的企业，可以通过加装冷凝器和节能器，对锅炉尾部出来的烟气的余热进行回收利用，提高锅炉给水温度，降低锅炉排烟温度，增加锅炉热效率。在未安装烟气余热回收装置前，燃气锅炉排烟温度一般在200～300℃，烟气中有15%左右的显热和11%的潜热可被回收利用。安装高效烟气冷凝器和节能器之后，可使锅炉进水温度由15℃提高到40℃左右，减少锅炉天然气使用量，也能够将燃气锅炉的排烟温度冷却至60～90℃，使锅炉的工作效率显著提高。

② 使用节能、节水设备，加装变频器。

企业通过淘汰落后设备、设施，改用新型节能设备，对大型设备加装变频器等措施，对电力方面的投入量进行优化。用新型超载转鼓代替了普通转鼓，超载转鼓装载量可达转鼓容积的70%，因此皮张的装载量大，生产效率高，配合小液比处理技术方案可节约用水30%～50%，不仅减少了水资源的消耗量，而且降低了新鲜水的依赖度。采用制革用脱泥叠螺机，对洗皮水进行处理，并将处理后的上清液回用于清洗灰皮、冲洗转鼓和车间保洁等工序。采用高体积低压（HVLP）系统、泡沫喷涂系统和滚涂等。在污水处理设施中使用磁悬浮风机替代传统罗茨风机。磁悬浮离心式鼓风机相较传统罗茨风机效率会提高30%，与传统多级离心式鼓风机相比效率会提高20%。

③使用太阳能集热系统。

利用房顶配备太阳能集热系统，为水场车间提供热水，最高水温可达70℃。太阳能储水罐中的水和蒸汽回用的水被输送到调节温度的水罐中，调节到一定温度用于染色车间转鼓用水。按照200米^{2}太阳能管计算，每年可供热水7 000吨，据推算，太阳能的使用可节约能耗约为5 517千克标准煤/年。

④按照《环境管理体系要求及使用指南》（GB/T 24001—2016）建立环境管理体系，按照《能源管理体系要求及使用指南》（GB/T 23331—2020）建立能源管理体系；按照《用能单位能源计量器具配备和管理通则》（GB 17167—2006）、《用水单位水计量器具配备和管理通则》（GB 24789—2009）配备计量器具。

5.4.4 建议

"十四五"期间，针对制革行业的清洁生产提出如下建议：

1）进一步优化无铬鞣剂及配套鞣制工艺，提升无铬鞣革占比；从源头开展化学品管理与有毒有害物质控制，推进行业的生态发展。

2）围绕制革行业绿色制造体系相关标准持续开展绿色制造；对产品进行全生命周期的碳足迹核算或核查。推进行业节能减碳，增加再生能源占总能耗的比例。

5.5 造纸行业清洁生产进展

造纸行业是与国民经济和社会发展关系密切并具有可持续发展特点的重要基础原材料产业，同时具有原料可再生、产品可循环利用、可自产生物质能源、主要生产用化学品可循环利用的特点，具有得天独厚的天然绿色属性。

水污染物排放是造纸行业的典型特征。造纸行业废水及化学需氧量排放量曾长期位居工业行业首位，一直以来作为水污染物排放的典型代表而受到相关部门的重视。"十二五"后，随着行业取水定额、能源消耗限额、清洁生产评价指标体系的颁布实施，企业清洁生产水平不断提升，治污能力不断增强，废水污染物排放量连续下降。2015 年，废水及化学需氧量排放量分别降至工业行业第二位和第三位。

"十三五"期间，我国相关规划、政策对造纸行业的清洁生产要求进一步严格，总量单耗"双控"，减污降碳协同的要求，倒逼造纸行业清洁生产水平不断提升。造纸行业以此为契机，通过淘汰落后产能、兼并重组，使产业集中度进一步提高，规模效益初步形成。行业内的大中型造纸企业在节水、节能、减污等清洁生产改造和技术创新上投入大量资金，实现了水耗、能耗、排污等指标的持续下降。2020 年，造纸行业化学需氧量排放量降至工业行业第四位。

5.5.1 造纸行业发展现状和趋势

造纸行业包括纸浆制造、造纸（含机制纸及纸板、手工纸、加工纸）、纸制品制造三大部分。

（1）主要产品生产消费情况

1）纸浆。

根据中国造纸协会调查资料①，全国纸浆生产总量由2015年的7 984万吨降低到2020年的7 378万吨。其中，木浆由966万吨增加到1 490万吨；废纸浆由6 338万吨降低到5 363万吨；非木浆由680万吨降低到525万吨。全国纸浆生产情况见表5-11、图5-37。废纸进口政策的调整，导致废纸浆生产量下跌，造成纸浆总生产量总体跌势明显，与此同时，木浆生产量有较大提升，"十三五"期间木浆生产量增加54.2%。

表5-11　2015—2020年纸浆生产情况　　单位：万吨

品种	2015年	2016年	2017年	2018年	2019年	2020年
木浆	966	1 005	1 050	1 147	1 268	1 490
废纸浆	6 338	6 329	6 302	5 444	5 351	5 363
非木浆	680	591	597	610	588	525
合计	7 984	7925	7 949	7 201	7 207	7 378

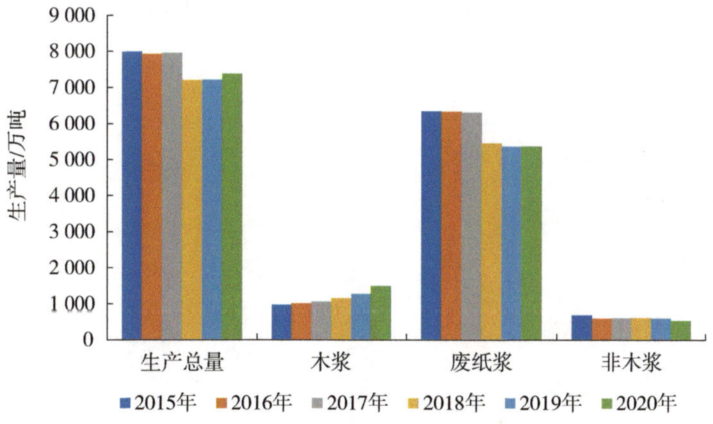

图5-37　2015—2020年纸浆生产情况

① 中国造纸协会．中国造纸工业2015—2020年度报告．[2017-12-12/2017-12-12/2018-05-08/2019-05-08/2020-05-14/2021-04-30]．http: //www.chinappi.org/report_annual.html.

全国纸浆消耗总量由2015年的9 731万吨增加到2020年的10 200万吨。其中，木浆由2 713万吨增加到4 046万吨，废纸浆由6 338万吨降低到5 632万吨，非木浆由680万吨降低到522万吨。全国纸浆消耗情况见表5-12、图5-38，纸浆消耗量变化情况见表5-13。由于废纸进口政策的调整，企业开始直接进口废纸浆，实现了进口废纸浆量由0到249万吨的突增；进口废纸制浆由2015年的2 392万吨降低至2020年的620万吨，下跌74.1%；2021年禁止进口废纸后，结束了进口废纸制浆的历史。为应对原料结构的变化，“十三五”期间进口木浆消耗量增加了45.5%，国产木浆消耗量增加了55.9%。

表5-12　2015—2020年纸浆消耗情况　单位：万吨

品种	2015年	2016年	2017年	2018年	2019年	2020年
消耗总量	9 731	9 797	10 051	9 387	9 689	10 200
木浆	2 713	2 877	3 151	3 303	3 581	4 046
1. 进口木浆	1 757	1 811	2 111	2 166	2 317	2 556
2. 国产木浆	956	1 066	1 040	1 137	1 264	1 490
废纸浆	6 338	6 329	6 303	5 474	5 523	5 632
1. 进口废纸浆	0	0	1	30	92	249
2. 国产废纸浆	6 338	6 329	6 302	5 444	5 431	5 383
其中：进口废纸制浆	2 392	2 308	2 063	1 457	930	620
国产废纸制浆	3 946	4 021	4 239	3 987	4 501	4 763
非木浆	680	591	597	610	585	522

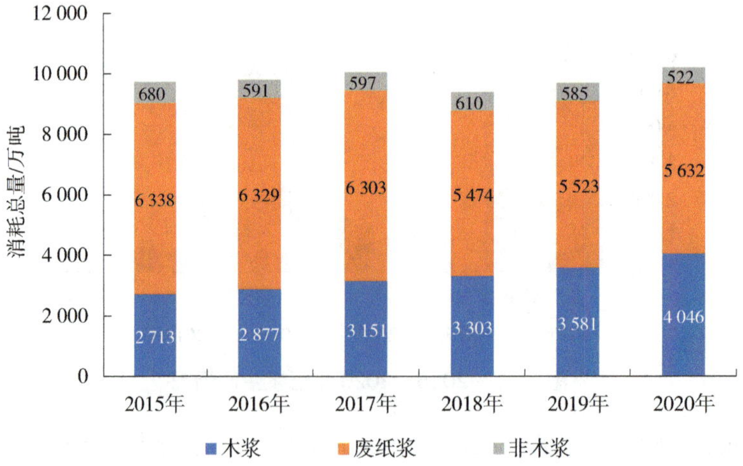

图5-38　2015—2020年纸浆消耗情况

表 5-13 2015 年、2020 年纸浆消耗变化情况 单位：万吨

品种	2015 年	占比 /%	2020 年	占比 /%	同比 /%
消耗总量	9 731	100	10 200	100	4.82
木浆	2 713	27.88	4 046	39.67	49.13
1. 进口木浆	1 757	18.06	2 556	25.06	45.48
2. 国产木浆	956	9.82	1 490	14.61	55.86
废纸浆	6 338	65.13	5 632	55.22	-11.14
1. 进口废纸浆	0	0	249	2.44	—
2. 国产废纸浆	6 338	65.13	5 383	52.77	-15.07
其中：进口废纸制浆	2 392	24.58	620	6.08	-74.08
国产废纸制浆	3 946	40.55	4 763	46.70	20.70
非木浆	680	6.99	522	5.12	-23.24

2）纸及纸板。

根据中国造纸协会调查资料，全国纸及纸板生产量由 2015 年的 10 710 万吨，增长到 2020 年的 11 260 万吨；消费量由 10 352 万吨，增长到 11 827 万吨；人均年消费量由 75 千克增长到 84 千克。2015—2020 年，纸及纸板生产量、消费量情况如图 5-39 所示。

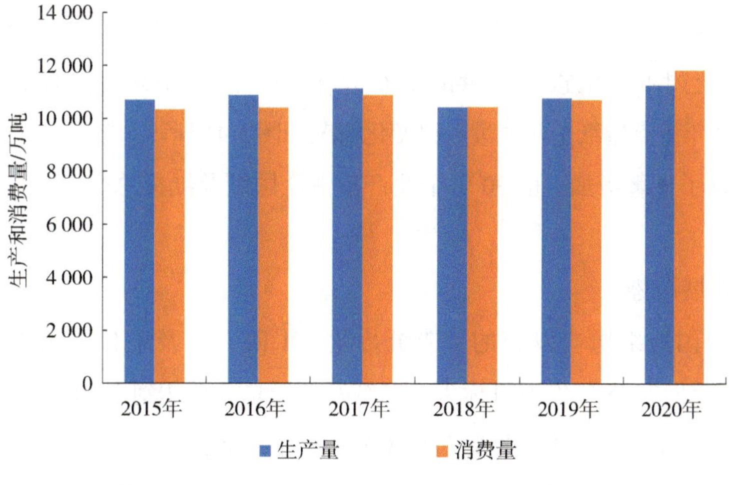

图 5-39 2015—2020 年纸及纸板生产和消费情况

3）纸制品。

根据国家统计局数据，2020 年全国规模以上纸制品生产企业生产量 6 860 万吨，低于 2015 年的生产量（7 038 万吨）；消费量 6 552 万吨，低于 2015 年的消费量（6 766 万吨）。2015—2020 年纸制品生产和消费情况如图 5-40 所示。

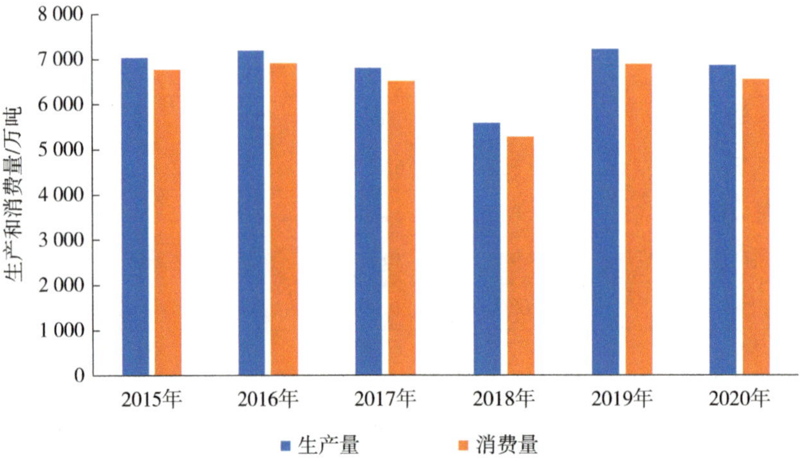

图 5-40　2015—2020 年纸制品生产和消费情况

（2）产业集中度

2020 年，全国共 17 个省（区、市）纸及纸板产量超过 100 万吨，产量合计 10 859 万吨，占全国纸及纸板总产量的 96.44%。2020 年重点造纸企业中产量前 10 名占全国纸及纸板总产量的 46.6%，前 20 名占 60.9%，前 30 名占 69.1%。2015—2020 年重点造纸企业产量占比变化情况如图 5-41 所示。“十三五”期间，产业集中度有了显著增加，前 30 名企业产量占全国纸及纸板总产量的比例提高了 16.0%。

（3）发展趋势

根据中国造纸协会发布的《造纸行业“十四五”及中长期高质量发展纲要》，造纸行业 2025 年发展目标为全国纸及纸板总产量达到 1.4 亿吨（年人均消费量达到 100 千克），原生纸浆产量 3 000 万吨，单位产品浆耗、能耗、水耗、污染物排放量保持国际先进水平；2035 年发展目标为全国纸及纸板总产量达到 1.7 亿吨（年人均消费量达到 120 千克以上），原生纸浆比例 30% 以上，力争生物质能源利用占能源消耗的35%以上，热电联产比例达到90%以上，单位产品浆耗、水耗、能耗、污染物排放量达到国际领先水平。

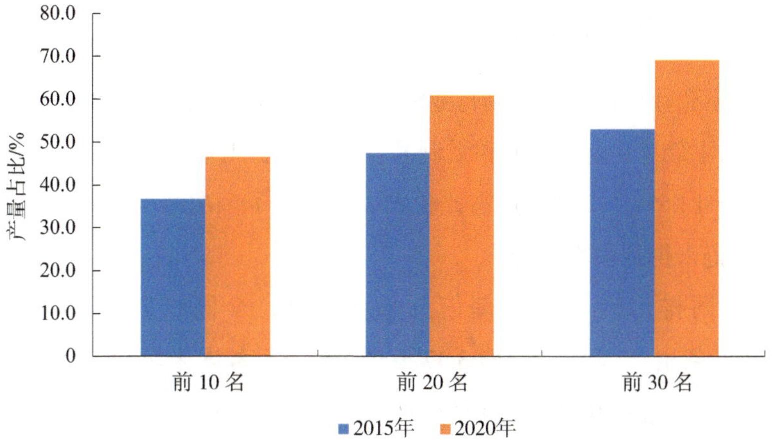

图5-41　2015—2020年重点造纸企业产量占比变化情况

参照2025年发展目标，"十四五"期间原生纸浆产量将增加48.88%，年均增加197万吨；纸及纸板产量将增加24.33%，年均增加548万吨。

《造纸行业"十四五"及中长期高质量发展纲要》还提出了节能减排目标："十四五"期间，造纸行业要加大投资节能改造，充分发挥热电联产作用，充分利用生产环节产生的余压、余热等能源，加大有机废液、有机废物、生物质气体的回收利用，固体废物近零排放，最大限度实现资源化；力争"十四五"期间行业单位产品实际工艺综合能耗（外购和自产能源合计）纸浆由350千克标准煤/吨降为320千克标准煤/吨，纸及纸板由480千克标准煤/吨降为450千克标准煤/吨，达到国际较先进水平；巩固减排成果，保持污染物低排放水平，加大固体废物的综合利用和固、液、气废物中生物质的能源化利用；加强无组织逸散污染物的收集和处理，提高环保设施的自动化和运行管理水平；维持单位产品排污量处于国际先进水平。

鉴于我国人均纸张消费量在国民经济达到中等发达国家之前仍将继续提高，加之碳达峰和禁止废纸进口政策实施的影响，造纸行业在2030年以前行业总能耗仍会继续上升。2030年以后，尽力争取行业用能技术突破，力争通过加大植树造林、提高生物质能源比例、节能技术改造、提高热电联产效率、淘汰相对落后产能和适度控制新增产能及加大成品纸进口等措施，确保达峰后碳排放逐步降低。

5.5.2 造纸行业发展面临的问题

（1）小型企业比例大，限制行业清洁生产水平提高

根据中国统计年鉴，造纸和纸制品业规模以上工业企业中，大中型企业占比为 10.0%～13.5%，小型企业占比较大。虽经历了多次结构调整，但企业小而分散的局面仍未得到根本改变。

根据全国排污许可证管理信息平台统计，全国机制纸及纸板生产线 6 048 条，单条生产线平均产能 3.47 万吨 / 年（不考虑未填报产能的 474 条生产线）。其中，产能≥10 万吨 / 年的生产线 548 条，占 9.1%; 5 万～10 万吨 / 年的生产线 513 条，占 8.5%; 1 万～5 万吨 / 年的生产线 1 370 条，占 22.7%；产能＜1 万吨 / 年的生产线 3143 条，占 52.0%。单条生产线规模整体偏小。

相对于大中型企业，小型企业设备配套、污染治理能力和日常管理水平都存在差距。以漂白硫酸盐法化学木浆为例，不同清洁生产水平基准值见表 5-14。可见，不同清洁生产水平企业能耗、取水量、产污量都有显著差别。大量小型企业的存在限制着行业整体清洁生产水平的提高。

表 5-14 漂白硫酸盐法化学木浆不同清洁生产水平基准值

项目	单位产品取水量 /（米 ^{3}/Adt）	单位产品综合能耗（外购能源）/（千克 ce/Adt）	单位产品废水产生量 /（米 ^{3}/Adt）	单位产品 COD_{Cr} 产生量 /（千克 /Adt）
Ⅰ级基准值（国际领先水平）	33	160	28	30
Ⅱ级基准值（国内先进水平）	38	330	32	37
Ⅲ级基准值（国内基本水平）	60	420	50	42

数据来源:《制浆造纸行业清洁生产评价指标体系》。

（2）造纸纤维原料对外依存度过高

2020年造纸工业木浆消耗量4 046万吨，其中进口木浆2 556万吨，占比63.2%；国产木浆1 490万吨，占比36.8%，国产木浆中使用进口木片作为原料的又达到70%以上。消耗原生木浆中近90%的原料依赖进口，造纸纤维原料供求矛盾突出，木片、纸浆的对外依存度还将逐年提高。原料对外依存度的不断提高，可能造成产业链、供应链自主可控能力下降等问题。同时，为缓解原料不足而推行的林浆纸一体化项目由于占地、采伐等问题进展缓慢，已经将近10年未批复造纸原料林项目。

（3）纤维原料短缺间接造成行业水污染负荷增加，处理难度加大

为弥补"禁废"后纤维原料的不足，造纸行业通过增加木浆产量、加大国产废纸回收力度、重新采用非木纤维制浆等方式增加造纸原料供给，有的企业甚至在造纸原料中直接添加木粉作为填料。

木浆制备工艺包括化学法、化学机械法、半化学法等，以《制浆造纸行业清洁生产评价指标体系》中单位产品COD_{Cr}产生量最小的漂白硫酸盐法化学木浆和废纸制浆的对比为例，全部采用Ⅰ级基准值（国际清洁生产领先水平），漂白硫酸盐法化学木浆废水产生量28米^3/吨（风干浆）、COD_{Cr}产生量30千克/吨（风干浆），废纸制浆废水产生量3～5米^3/吨（风干浆）、COD_{Cr}产生量10～22千克/吨（风干浆）。可见，从水污染的角度来看，木浆污染物排放水平远高于废纸制浆。

与进口废纸含杂率不得超过0.5%相比，国内废纸含杂率基本处于无监管状态。仅有中国再生资源回收利用协会起草、商务部发布的《废纸分类等级规范》（SB/T 11058—2013）可供参考，且实际应用程度不高。国内废纸造纸企业大多采用厂内自立标准，对最低含杂率没有统一要求，仅规定不同的含杂率执行不同的价格标准，直接造成国内废纸含杂率偏高。与此同时，我国回收利用的废纸由于原生浆占比少，纤维经多次回收利用变得纤维短、质量差、强度低，造成成品强度不够，不能生产高端纸。为提高产品强度，需要添加更多的化学品、填料、涂料等。由于原料质量差、添加更多的化学品等因素，废水污染物产生量大、浓度提高，部分企业COD_{Cr}浓度由原来的2 000～4 000毫克/升增加至

8 000～10 000毫克/升，废水末端治理难度增加。生产中使用的大量化学品又会随着废纸的回收进入生产系统，为保证产品质量又需要添加更多的化学品，造成恶性循环。化学品中钙质添加剂较多，随着用水指标的进一步收严，废水中钙离子浓度提高，造成厌氧系统颗粒污泥钙化问题突出，增加了废水处理系统的运行维护成本。

木粉作为造纸填料在首次使用时确实可以减少纤维使用量，而且不会明显增加废水污染物排放量，但在废纸二次回收利用时，木粉中的可溶性物质将全部溶入水中，显著增加污染物产生量。木屑木粉资源化利用等所谓的节约纤维原料的解决方案，其科学合理性有待进一步论证。

（4）需求达峰滞后，影响造纸行业“双碳”目标实现

2020年，我国人均纸及纸板年消费量为84千克，高于世界平均水平（52千克/人），但远低于G7等发达国家平均水平（170千克/人）。根据中国造纸协会发布的《造纸行业“十四五”及中长期高质量发展纲要》，预计到2035年国内纸及纸板需求量将达到1.7亿吨，年均增长约2.5%。纸及纸板需求量达峰滞后于2030年碳达峰目标。

为了进一步节能减碳，实现造纸行业碳达峰、碳中和，造纸行业须加快结构调整，将绿色低碳发展作为高质量发展的内在要求，加快提高行业生物质能源应用比例，尽早在用能方式变革和理论及技术上实现突破。

5.5.3 “十三五”造纸行业清洁生产进展

（1）相关政策持续出台，为行业清洁生产发展指引方向

1）国务院层面。

2015年，国务院印发《水污染防治行动计划》，要求2016年年底前，全部取缔不符合国家产业政策的小型造纸生产项目；2017年年底前，造纸行业力争完成纸浆无元素氯漂白改造或采取其他低污染制浆技术；鼓励造纸企业废水深度处理回用；到2020年，造纸行业取水达到先进定额标准。

2016年，国务院印发《“十三五”生态环境保护规划》，将造纸行业作为重点行业之一，推行行业达标排放改造；要求造纸行业力争完成纸浆无元素氯漂

白改造或采取其他低污染制浆技术，完善中段水生化处理工艺，增加深度治理工艺，进一步完善中控系统。同年，国务院印发《"十三五"节能减排综合工作方案》，要求对造纸等行业中环保、能耗等不达标或生产、使用淘汰类产品的企业和产能，要依法依规有序退出；分区域、流域制定实施造纸等重点行业、领域限期整治方案，升级改造环保设施，确保稳定达标；对纸及纸板2020年综合能耗提出了明确目标。

2）部委层面。

2015年，国家发展改革委、环保部、工业和信息化部联合发布了《制浆造纸行业清洁生产评价指标体系》，分Ⅰ级、Ⅱ级、Ⅲ级对漂白硫酸盐木（竹）浆、本色硫酸盐木（竹）浆、化学机械木浆、漂白化学非木浆、非木半化学浆、废纸浆等制浆工艺，以及新闻纸、印刷书写纸、生活用纸、纸板、涂布纸等造纸工艺，分别给出清洁生产评价指标体系及指标要求，主要包括生产工艺及设备要求、资源和能源消耗指标、资源综合利用指标、污染物产生指标、产品特征指标和清洁生产管理指标六类，为企业开展清洁生产评价及改进清洁生产工艺提供了依据。

2016年以来，工业和信息化部、水利部、全国节约用水办公室陆续发布了《国家鼓励的工业节水工艺、技术和装备目录（第二批）》《国家鼓励的工业节水工艺、技术和装备目录（2019年）》，推出了干法剥皮技术、备料洗涤水循环节水技术、多段逆流洗涤封闭筛选技术、纸浆中高浓筛选与漂白技术、置换压榨双辊挤浆机节水技术、纸机白水多圆盘分级与回用技术、纸机干燥冷凝水综合利用技术等13项高效节水工艺、技术，说明了普及率及推广前景。

2016年，工业和信息化部、环保部联合印发了《水污染防治重点行业清洁生产技术推行方案》，其中，对于造纸行业提出了本色麦草浆清洁制浆技术（麦草浆）、置换蒸煮工艺（化学浆）、氧脱木素技术（非木浆）、无元素氯漂白技术（非木浆）、镁碱漂白浆化机生产关键技术（漂白化机浆）、白水循环综合利用技术（造纸机）等推行方案，明确了解决的主要问题并分析了应用前景。

2017年，环保部发布了《造纸工业污染防治技术政策》，从生产过程污染防控、污染治理及综合利用、二次污染防治、鼓励研发的新技术4个方面分别提出相应的鼓励技术政策，引导造纸行业循环低碳发展。

2018年，环保部发布了《制浆造纸工业污染防治可行技术指南》（HJ 2302—2018），从废水、废气、固体废物和噪声4个维度，针对不同生产工艺，分别明确了包括污染预防技术、污染治理技术的污染防治可行技术链条，推动了企业污染防治措施升级改造和技术进步，为落实《“十三五”生态环境保护规划》中造纸行业达标排放改造提供了技术依据。

（2）清洁生产工艺广泛普及，新技术有所突破

1）按要求完成清洁化改造。

根据生态环境部发布的“关于《水污染防治行动计划》2017年造纸行业清洁化改造任务完成情况的公示”，按照《水污染防治行动计划》2017年年底前造纸行业力争完成纸浆无元素氯漂白改造或采取其他低污染制浆技术的要求，截至2017年年底，各地共上报需进行清洁化改造的造纸企业250家，完成清洁化改造工作的企业249家，完成率为99.6%，改造效果显著。

2）节水技术稳步推广，节水效果显著。

“十三五”期间，造纸行业按照工业和信息化部、水利部、全国节约用水办公室发布的《国家鼓励的工业节水工艺、技术和装备目录（第二批）》《国家鼓励的工业节水工艺、技术和装备目录（2019年）》广泛开展节水技术改造。主要节水技术应用情况见表5-15。

表5-15 “十三五”期间行业主要节水技术应用情况

节水工艺技术名称	普及率/%			实现节水量/（亿米^3/年）
	2016年	2019年	增加情况	
多段逆流洗涤封闭筛选技术	50	80	30	1.50
纸浆中高浓筛选与漂白技术	20	60	40	4.20
置换压榨双辊挤浆机节水技术	8	10	2	0.01
碱法蒸煮和碱回收蒸发系统污冷凝水分级、汽提及回用技术	30	50	20	0.16
纸机白水多圆盘分级与回用技术	10	10	0	0
网、毯喷淋水净化回用技术	20	40	20	1.00

续表

节水工艺技术名称	普及率 /%			实现节水量 /（亿米^3/ 年）
	2016 年	2019 年	增加情况	
网、毯高压洗涤节水技术	50	55	5	0.22
纸机干燥冷凝水综合利用技术	20	40	20	0.20
纸机湿部化学品混合添加技术	5	10	5	0.20
透平机真空系统节水技术	0	2	2	0.06
造纸分级处理梯级利用集成节水技术	5	5	0	0
节水量合计	—	—	—	7.55

数据来源：《国家鼓励的工业节水工艺、技术和装备目录（第二批）》《国家鼓励的工业节水工艺、技术和装备目录（2019 年）》。

可见，"十三五"期间，行业各类节水工艺技术普及率稳步提高。通过采用节水技术，行业实现节约用水约 7.55 亿米^3/ 年，节水效果显著。按照清洁生产国际领先水平，该水量可用于生产 2 288 万吨漂白硫酸盐化学木浆或 7 550 万吨白纸板。其中，纸浆中高浓筛选与漂白技术，多段逆流洗涤封闭筛选技术，网、毯喷淋水净化回用技术的推广使用实现节水量最多，分别占到总节水量的 55.67%、19.88%、13.25%。目前各类节水技术普及率在 2%～80%，行业节水潜力仍然较大，制浆废水中水回用及零排放成套工艺也在逐步推广使用，未来行业节水效果仍将持续显现。

3）节能技术有效可靠，促进行业低碳发展。

化学法制浆过程采用封闭筛选代替开放式筛选，可以有效分离置换出节子、浆渣中夹带的纤维和黑液，减少稀释水用量，除具有良好的节水效果外，还具有节能和提高筛选质量的作用，是目前较为先进的筛选工艺。2019 年化学法制浆企业封闭筛选技术应用比例已达 80% 以上。

纸机压榨部采用靴型压榨技术通过提高压区宽度，获得良好的压榨效果。由常规压榨改为靴型压榨后，干燥部可节约 20%～30% 的能耗。某企业采用靴型压榨代替常规压榨后，纸幅干度增加 6%，干燥部蒸汽消耗量从 2.13 吨 / 吨纸减少到 1.76 吨 / 吨纸，节约了约 18% 的能耗。

纸机干燥部采用烘缸封闭气罩，可回收干燥纸页蒸发水蒸气中的热量和水分，提高送风温度，减少进、排风量，降低干燥能耗。采用袋式通风技术，可使纸机的干燥能力提高 10%～20%，使纸机车速平均提高 10%。

如果采用透平风机替代传统水环式真空泵，真空系统能耗可下降约 33%。

4）行业清洁生产水平整体提高，部分达到国际领先水平。

目前，国内 70% 的造纸生产线已达到国际或国内先进水平，各重点造纸企业几乎都配有目前国际上幅宽最大、车速最高的大型造纸机[①]。我国部分先进新闻纸机和文化用纸纸机新鲜水取水量已不到 10 米^3/ 吨，有的甚至达到更低的水平；国内已有瓦楞原纸生产线新鲜水取水量达到极限值 5 米^3/ 吨，指标明显优于欧盟制定的最佳技术标准（瓦楞原纸生产线案例新鲜水取水量 6.5 米^3/ 吨），水重复利用率可以达到 95% 以上，处于国际领先水平。

此外，随着本色麦草浆清洁制浆技术（麦草浆）、置换蒸煮工艺（化学浆）、氧脱木素技术（非木浆）、镁碱漂白浆化机生产关键技术（漂白化机浆）、白水循环综合利用技术（造纸机）等清洁生产技术普及率的进一步提高，必将促进造纸行业整体清洁生产水平的进一步提升。以本色麦草浆清洁制浆技术为例，该技术应用于 10 万吨 / 年麦草浆生产线后，可节约麦草原料 7 万吨 / 年，节约清水 305 万吨 / 年，节约用电 650 万千瓦 · 时 / 年，节约用汽 10 万吨 / 年，节能总量折合标准煤约 10 511 吨 / 年，减少进入中段水的 COD_{Cr} 产生量 9 423 吨 / 年，消除 AOX 的产生，大大降低了单位产品的能耗，清洁生产效果显著。

近年来，随着工艺技术水平的提高，我国化机浆耗水量由过去的 20～30 米^3/ 吨下降到 10 米^3/ 吨左右，化机浆废水中化学需氧量浓度从过去的数千毫克 / 升提高到 1×10^4～2×10^4 毫克 / 升，常规生化处理难度大幅增加。近年来，国内化机浆企业采用的对浓废液进行蒸发浓缩（由 2% 浓缩至 65% 左右）后，再进入碱回收炉燃烧的技术方法，一方面降低了废水量及污染物产生量，降低生化处理难度；另一方面通过燃烧废液回收碱和热能。某 30 万吨 / 年化机浆企业，采用碱回收方式处理化机浆废液，93% 的碱被回收后重新利用，每小时产生的

① 中国造纸协会. 中国造纸工业可持续发展白皮书［2019-01］. http://www.chinappi.org/reps/20190226104141217819.html.

蒸汽，相当于燃烧 5.5 吨标准煤产生的蒸汽量，清洁生产效益显著。近年来，采取碱回收工艺处理浓废液的方式已在新上化机浆生产线上广泛使用。

5）国产装备水平提高，相关研究取得重大突破。

近年来，我国国产纸机技术进步较大，水力式流浆箱、叠网成形、稀释水装置、自动引纸、大型焊接烘缸等技术装备已经成熟并得到较好应用，夹网成形、靴型压榨等技术已有突破并开始推向市场，我国国产中等规模、中档制浆造纸生产线在国际上已经具备一定的竞争力。国产装备水平的提高，将有效提高中小企业的清洁生产水平。

陈克复院士团队主持完成的"制浆造纸清洁生产与水污染全过程控制关键技术及产业化"项目获得 2019 年度国家科学技术进步奖一等奖。该项目研发了覆盖制浆造纸所有工艺过程的清洁生产和水污染控制 10 项关键技术和 11 项技术支撑，形成了 5 个方面的科技创新集成技术，实现了将清洁生产和末端治理的有机结合。其主要研究成果化机浆全过程废水组合蒸发碱回收处理技术、化学浆压力强化碱抽提技术和双流程兼容的清洁漂白技术、废纸浆高浓碎浆及可溶性胶黏物控制技术、适用于筛余物的连续预蒸解及高低浓协同磨浆技术、可生化性较差的废水厌氧高产气技术及低成本高级氧化处理技术，近年来指导国内制浆造纸企业清洁生产水平逐步提高。

吉兴香教授团队主持完成的"高性能木材化学浆绿色制备及高值利用关键技术及产业化"项目获得 2020 年度国家科学技术进步奖二等奖。该项目创新了无元素氯漂白技术，构建了含臭氧漂白的年产 100 万吨超大规模短流程漂白技术体系，大幅减少了二氧化氯的用量，大大改善了漂白废水的可生化性，实现了木材化学浆漂白过程的绿色环保和节能减排。

国产装备水平的提高及相关清洁生产研究的重大突破，将进一步推进行业整体清洁生产水平的提高。

（3）环保设施配置齐备，达标技术保障充分

1）污染治理设施配置情况。

根据环境统计数据，2015—2019 年，全行业工业废水治理设施数由 3 194 套减少到 2 245 套，减少 29.71%；工业废水治理设施处理能力从 2 048 万

吨 / 天下降到 1 609 万吨 / 天，下降 21.44%；废水治理设施年运行费用未发生大的变化。2015—2019 年废水治理设施情况如图 5-42 所示。可以看出，“十三五”期间全行业废水产生量、排放量均呈现大幅下降趋势，符合行业主要污染物排放量变化趋势；废水治理设施运行费用未发生明显变化主要是因为企业加强了设施的运行维护、增加了深度处理设施，造成单位废水处理成本增加。

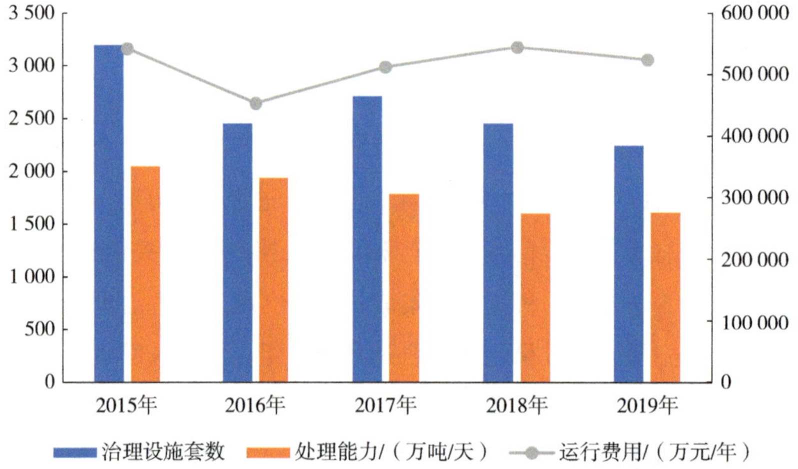

图 5-42　2015—2019 年造纸行业废水治理设施变化情况

根据环境统计数据，2015—2019 年，全行业工业废气治理设施数由 4 723 套减少到 3 649 套，减少 22.74%；工业废气治理设施处理能力有所提高，年运行费用有大幅增加。2015—2019 年废气治理设施情况如图 5-43 所示。从侧面反映出，“十三五”期间全行业加强了废气治理，治理成效体现在行业废气主要污染物减排量上。

2）污染防治可行技术采用情况。

根据全国排污许可证管理信息平台统计结果，参照造纸行业污染防治可行技术指南，2017 年造纸行业重点排放单位废水污染防治采用可行技术的比例为 96.9%，废气污染防治采用可行技术的比例为 100%。可见，造纸行业重点排放单位已基本采用废水、废气污染防治可行技术，企业清洁生产水平较高，达标排放有技术保证。

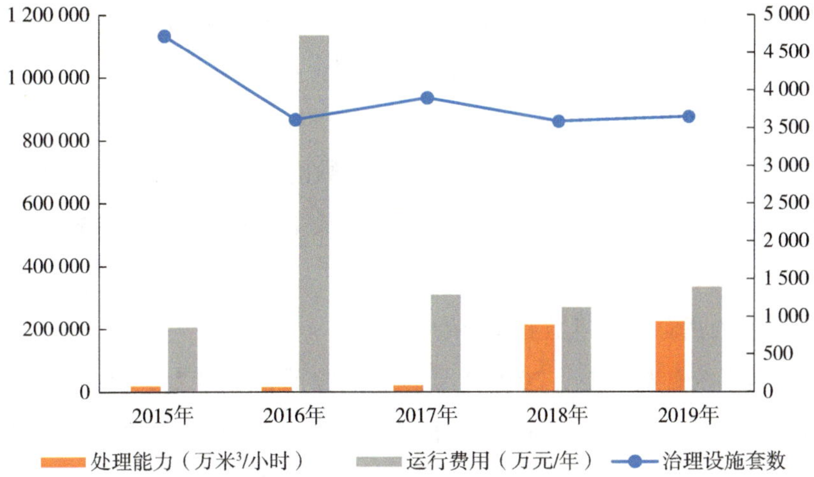

图 5-43 2015—2019 年造纸行业废气治理设施变化情况

3）废水治理工艺配套及排放方式。

造纸行业废水治理设施通常分为三级：一级处理包括过滤、沉淀、混凝。二级处理包括厌氧技术和好氧技术，厌氧技术通常分为水解酸化、升流式厌氧污泥床、厌氧膨胀颗粒污泥床和内循环升流式厌氧反应器；好氧技术通常分为完全混合活性污泥法、氧化沟、厌氧 / 好氧（A/O）工艺、序批式活性污泥法（SBR）等。三级处理包括混凝沉淀、混凝气浮、高级氧化技术。

对于制浆和造纸企业来说，除部分商品浆造纸企业只需采用一级处理和二级好氧技术处理外，其他企业普遍采用三级处理工艺。非木化学浆、未采用碱回收的化机浆、废纸造纸企业通常采用二级处理厌氧技术。部分企业根据废水水质或为了满足更严格的排放限值要求，采用三级处理高级氧化技术，进一步去除废水中的有机物。根据排污许可统计，采用高级氧化的企业共 164 家，约占重点管理企业总数的 6.2%，其中废水直接排放企业 129 家、废水间接排放企业 32 家、废水不外排企业 3 家。

废水排放方式按照大类划分，可以分为直接排放、间接排放、不外排三类，即直接排入外环境、排入园区 / 市政 / 其他企业污水处理厂进一步处理后排入外环境、废水全部回用不外排。

已经核发排污许可证的重点管理企业有 2 649 家（截至 2020 年 5 月 9 日），按排放方式划分，其中，896 家（占重点管理企业总数的 33.82%）企业废水直接排入环境，1 006 家（占重点管理企业总数的 37.98%）企业废水排入污水处理厂或其他单位，747 家（占重点管理企业总数的 28.20%）企业为废水不外排。新建项目原则上均布置在工业园区内，废水排放采用间接排放的模式。

（4）主要能耗水平整体呈下降趋势

1）能源消费总量整体呈下降趋势。

根据国家统计局数据，2019 年全行业能源消费总量为 3 847 万吨标准煤，占我国能源消费总量的 0.79%，占全部工业能源消费总量的 1.19%，与 2015 年占比相比分别下降了 0.15%、0.18%。2015—2019 年造纸行业能源消费总量见表 5-16。行业能源消费总量“十三五”期间整体呈下降趋势。

表 5-16　2015—2019 年造纸行业能源消费总量

能源消费量	2015 年	2016 年	2017 年	2018 年	2019 年
纸及纸板产量 / 万吨	10 710	10 855	11 130	10 435	10 765
废纸浆 / 万吨	7 984	7 925	7 949	7 201	7 207
纸制品产量 / 万吨	7 038	7 190	6 801	7 080	7 219
能源消费总量 / 万吨标准煤	4 059	4 115	4 314	4 102	3 847

2）传统化石能源消费量下降，清洁能源消费量上升。

根据国家统计局数据，2019 年全行业煤炭消费总量为 3 942 万吨，占我国煤炭消费总量的 0.98%，占全部制造业煤炭消费总量的 2.47%，与 2015 年占比相比分别下降了 0.19%、0.11%；电力消费总量为 744.61 亿千瓦·时，占我国电力消费总量的 0.99%，占全部制造业电力消费总量的 1.95%，与 2015 年占比相比分别下降了 0.10%、0.08%。此外，造纸行业还消耗柴油、燃料油、天然气等能源。

2015—2019 年造纸行业不同能源消费情况如图 5-44 所示。在行业能源消费总量整体呈下降趋势的同时，煤炭、柴油、燃料油等传统化石能源消费量整体也呈下降趋势，其中煤炭消耗量下降 15.57%；但天然气等清洁能源增速较快，增幅达 141.42%；电力消费总量呈上升趋势，增幅为 17.28%。

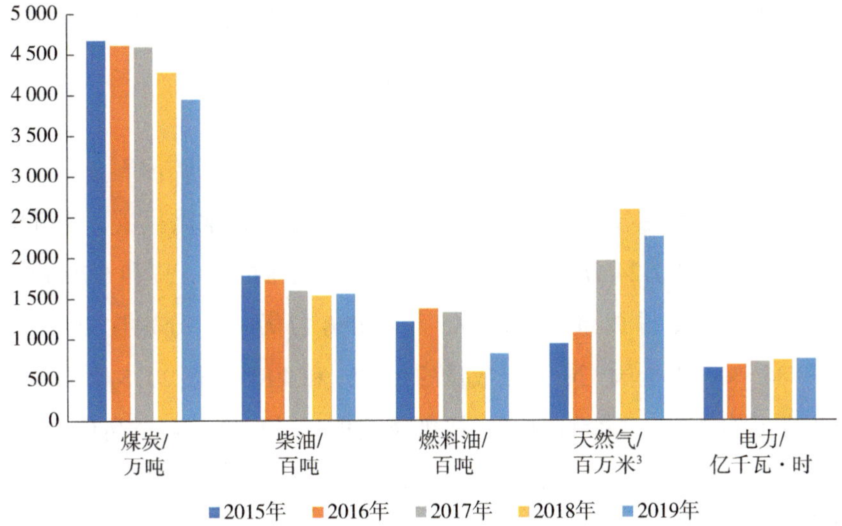

图 5-44　2015—2019 年造纸行业不同能源消费情况

3）单位产品综合能耗呈下降趋势。

中国造纸协会按照不同统计口径，对纸和纸板单位产品综合能耗进行了统计分类，分为纸浆、纸及纸板和纸制品单位综合工艺能耗（包括外购能源、自产能源和生物质能源等），以及自制浆企业生产纸和纸板综合能耗。综合能耗情况如图 5-45 所示。可见按照不同统计口径，"十三五"期间造纸工业单位产品综合能耗均呈下降趋势，分别下降了 6.66%、7.94%。

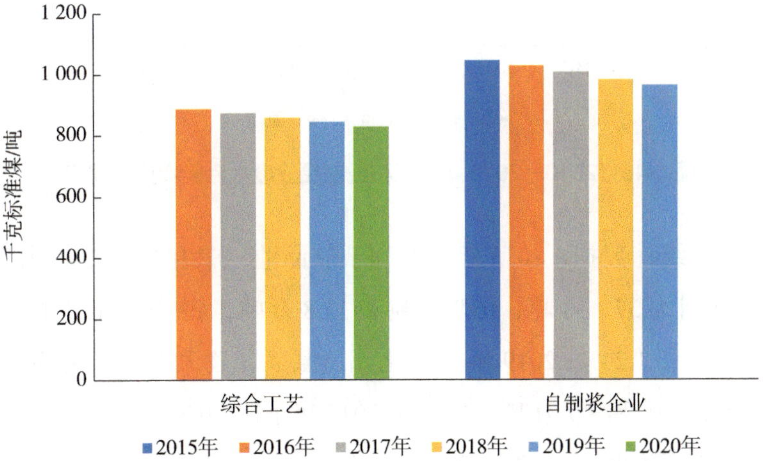

图 5-45　2015—2020 年不同统计口径纸和纸板单位产品综合能耗

“十三五”期间，单纯的纸及纸板综合能耗从530千克标准煤/吨降至480千克标准煤/吨，降低50千克标准煤/吨。

（5）主要污染物排放量显著下降

“十三五”期间，造纸行业废水和废气污染物排放量大幅下降。

根据环境统计数据，2015年造纸和纸制品业废水化学需氧量、氨氮排放量分别为33.5万吨和1.24万吨，占全国工业总排放量的13.1%和6.3%；2019年化学需氧量、氨氮排放量分别为9.5万吨和0.17万吨，分别比2015年下降71.6%和86.5%，占全国工业总排放量的12.2%和4.8%，较2015年占比分别下降了0.9个百分点和1.5个百分点。按纸及纸板产量折算，吨产品化学需氧量、氨氮排放量分别下降了71.9%和86.6%。2015—2019年化学需氧量、氨氮排放量情况如图5-46所示。

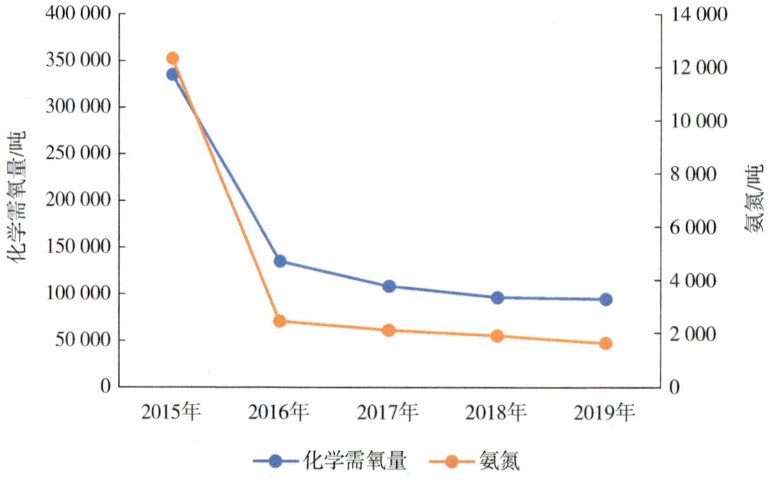

图5-46 2015—2019年造纸和纸制品业废水污染物排放情况

根据环境统计数据，2015年造纸和纸制品业二氧化硫、氮氧化物和颗粒物排放量分别为37.1万吨、16.9万吨和13.8万吨，占全国工业总排放量的2.65%、1.56%和1.24%；2019年二氧化硫、氮氧化物和颗粒物排放量分别为3.5万吨、5.2万吨和3.7万吨，分别比2015年下降90.7%、69.55%和73.45%，占全国工业总排放量的0.87%、0.94%和0.39%，较2015年分别下降了1.78%、

0.62% 和 0.85%。2015—2019 年二氧化硫、氮氧化物和颗粒物排放量情况如图 5-47 所示。

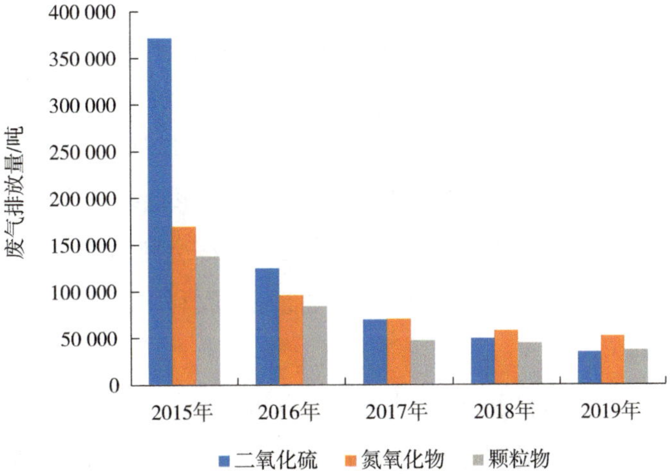

图 5-47　2015—2019 年造纸和纸制品业废气污染物排放量情况

5.5.4　建议

1）行业大中型企业清洁生产水平普遍较高，应进一步加大兼并重组力度，支持企业规模化发展，延伸上下游产业链，在保障我国消费需求的同时，发挥规模优势，促使行业可持续发展。

2）行业小型企业生产线老旧、工艺水平落后、能耗水耗高、污染物产排量大。在我国碳达峰、碳中和目标背景下，应充分考量区域环境质量底线，研究提高行业门槛，通过规模限制、达标排放、能耗水耗水平等进一步淘汰落后产能。

3）着力调整原料结构，降低造纸纤维原料对外依存度过高的风险，保障产业安全。推进林纸一体化建设，增加国内造纸原料林面积，提高国内木材纤维原料供给能力，积累碳汇和生物质资源；加大对林业"三剩物"、制糖工业废甘蔗渣、农业秸秆、湿地芦苇和回收废纸等废弃物的利用；开展国际合作开发建设境外工业林基地。

4）出台优化国产废纸收集、分类、营销和利用等环节的标准规范，提升国产废纸原料质量，在满足废纸制浆对优质纤维原料需求的同时，降低废水污染物产排量。加快非木材原料制浆设备开发，提高原料利用率、降低污染物排放水平、提高清洁生产水平，科学利用好非木材原料，将其作为国内纤维原料的补充，保障社会供给和行业可持续发展。

5）加快再生纸浆标准的制定，通过扩大废纸浆进口弥补造纸原料短缺。

6）进一步推广行业清洁生产技术，着力于制浆造纸过程的系统优化，充分利用黑液中有机质燃烧回收热能，固体废物的综合利用技术，备料废渣（树皮、锯木屑、苇末、麦糠等）作为生物质能源回收利用，提高节水节能技术普及率等。

7）在国家及相关部门的政策指导下，以市场为主导，以企业为主体，以技术进步为支撑，充分考虑碳达峰、碳中和相关政策要求及行业发展现状，加速开展制浆造纸关键技术创新研发，建立健全技术创新体系，促进产学研相结合，进一步提升制浆造纸企业清洁生产水平，发展行业碳减排、碳中和理论和技术，以及行业用能方式变革研究，制定完善行业碳达峰、碳中和路径。

5.6 铸造行业清洁生产进展

5.6.1 铸造行业发展现状和趋势

铸造是装备制造业的基础。我国是铸造大国，铸件产量居全球首位。根据中国铸造协会统计，自 2000 年起我国铸件产量已连续 20 年居全球主要铸件生产国首位，2020 年中国各类铸件总产量 5 195 万吨，较 2019 年增长 6.6%，如图 5-48 所示。根据 *Global Casting* 的统计，我国铸件产量占统计在内的 34 个国家总产量的 45% 以上。

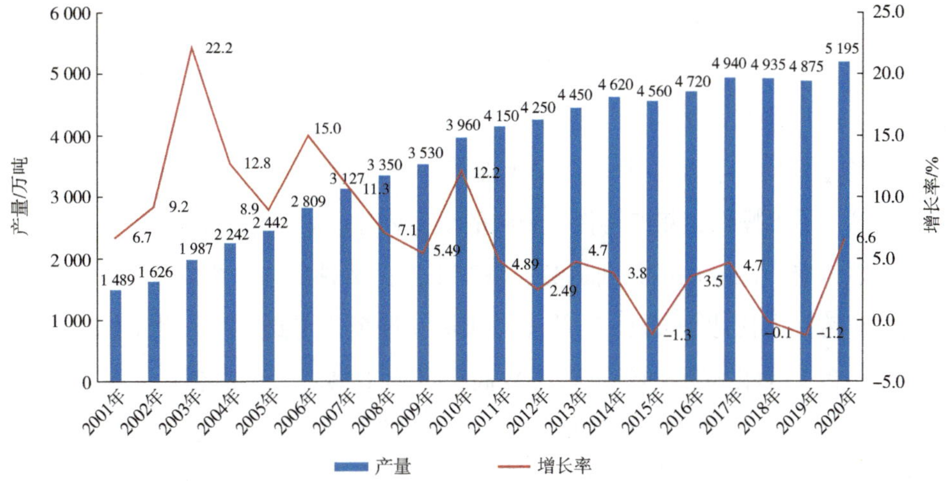

图 5-48　2001—2020 年中国铸件产量及增长率变化情况

根据全国排污许可证管理信息平台公开端的查询结果，我国获得金属铸造工业排污许可证的工业企业为 18 413 家，实际估计铸造企业数量约 2.3 万家。从区域来看，铸造企业主要分布在江苏、山东、河北、广东、河南、浙江、辽宁、安徽、山西、福建等地区，总数量呈逐年下降趋势，铸造企业的集中度在不断提高，如图 5-49 所示。其中排位靠前的 4 500 家企业铸件产量占总产量的 70% 以上，铸造企业平均年产量从 2010 年的 1 320 吨增长至 2022 年的 2 258 吨，但较工业发达国家仍有一定的差距。

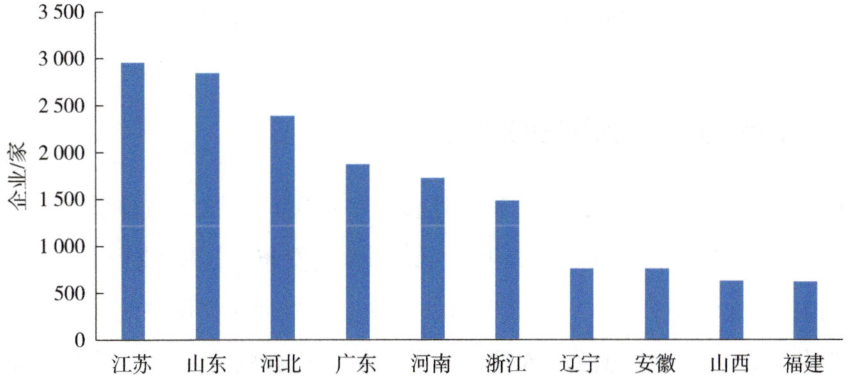

图 5-49　铸造企业在我国的分布情况

从产业结构来看，既有从属于主机生产厂的铸造分厂或车间，如汽车、机床、发电及电力、泵阀、市政、矿山冶金、重型机械等行业，也有大量的专业铸造厂；就规模和水平而言，既有工艺先进、机械化程度高、年产数万吨铸件的大型铸造厂，如重型工业、汽车工业等一些先进的铸造厂，也有工艺落后、设备简陋、手工操作，年产铸件百余吨的小型铸造厂。

按照铸造产品应用的行业区分，汽车工业是铸件的最大需求用户，2020 年各类汽车铸件占比达到 28.9%，汽车等领域铸件企业主要采用大批量生产模式，企业设备的自动化程度和生产效率较高；机床工具、大型内燃机、发电设备、船舶等行业所需铸件生产主要为多品种、小批量、以手工或机械操作为主的生产模式。图 5-50 为 2020 年国民经济各行业所需铸件占铸件总量的百分比。

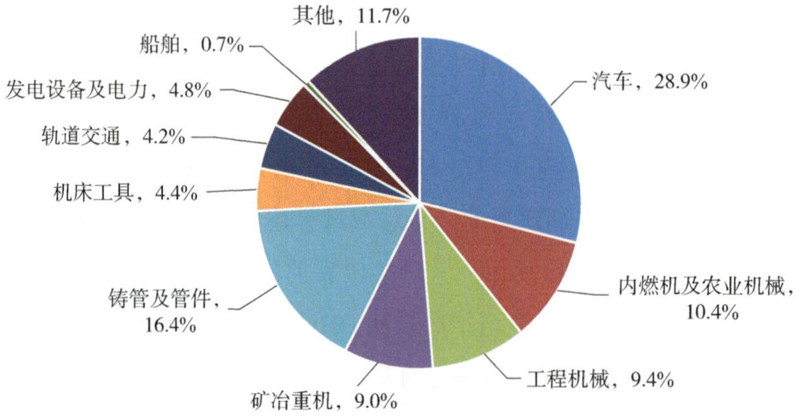

图 5-50　2020 年国民经济各行业所需铸件占铸件总量的百分比

5.6.2　铸造行业发展面临的问题

政策上，铸造行业在执行过程中还存在一些突出问题，须科学应对，更加精准有效地服务行业发展。2018 年 7 月，国务院发布《打赢蓝天保卫战三年行动计划》，首次将铸造纳入“两高”行业管理。为贯彻落实国务院《打赢蓝天保卫战三年行动计划》，2019 年 6 月，工业和信息化部联合国家发展改革委、生态环境部印发《关于重点区域严禁新增铸造产能的通知》（工信厅联装〔2019〕

44 号）。文件实施以来，对有效控制环保重点区域铸造项目低水平重复建设、提升环保治理水平、优化产业结构发挥了一定作用；但文件的实施也带来一些突出问题，特别是铸造产能等量或减量置换难以满足装备制造业增量发展需求。"严禁新增铸造产能"难以适应装备制造业规模持续增长的发展态势，已影响到行业本身和装备制造业发展。

铸造在机械工业中是唯一有金属熔化工序的制造业，铸造行业的耗能占机械工业总耗能的 25%～30%，是机械工业能耗和污染排放大户。其中，以烟（粉）尘为主的废气是最主要的污染物，其他还包括废砂、废渣等固体废物，值得一提的是，铸造行业产生的废水很少。目前，我国铸造企业数量众多，但发展水平参差不齐，全行业仍处于相对粗放的发展阶段。虽然已有部分骨干企业在由注重规模、速度向注重质量、效益、绿色转变，但行业整体仍然存在高投入、高消耗、高污染、低产出、低效益的特点，在节能减排和污染治理等方面重视不够，投入不足。在一些中小企业，以烟（粉）尘为主的废气排放超标现象多见，部分企业甚至不配置基本环保治理设备。新上的铸造项目比较重视环保，防治污染水平相对较高，但也存在以下问题：同一地区的大型企业防治力度不平衡；树脂砂工部的有害物控制不完善；铸造车间无组织排放控制措施缺乏；室外尘源的管理重视不足；不注重铸造污染防治的持久管理等。

5.6.3 "十三五"铸造行业清洁生产进展

（1）主要产业政策

中央高度重视生态文明建设和污染防治攻坚，党的十九大报告提出，要实行最严格的生态环境保护制度，持续实施大气污染防治行动，打赢蓝天保卫战，同时也提出要提高污染排放标准，强化排污者责任。

2018 年 7 月，国务院印发《打赢蓝天保卫战三年行动计划》，提出深化工业污染治理，具体要求如下："开展钢铁、建材、有色、火电、焦化、铸造等重点行业及燃煤锅炉无组织排放排查，建立管理台账，对物料（含废渣）运输、装卸、储存、转移和工艺过程等无组织排放实施深度治理，2018 年年底前京津冀及周边地区基本完成治理任务，长三角地区和汾渭平原 2019 年年底前完成，全国2020年年底前基本完成。"

随着环境质量改善的需求不断加强，2020年12月8日，生态环境部、国家市场监督管理总局发布了《铸造工业大气污染物排放标准》（GB 39726—2020），该标准规定了铸造工业大气污染物排放控制要求、监测和监督管理要求，适用于现有铸造工业企业或生产设施的大气污染物排放管理，以及铸造工业建设项目的环境影响评价、环境保护设施设计、竣工环境保护验收、排污许可证核发及其投产后的大气污染物排放管理。

根据生态环境部发布的《排污许可证申请与核发技术规范　金属铸造工业》（HJ 1115—2020），企业和环保部门在填报和审核排污许可申请材料时，需要参考行业污染物防治可行技术指南来判断企业是否具备符合规定的污染防治设施或污染物处理能力，建立健全基于排放标准的可行技术体系，推动企事业单位污染防治措施升级改造和技术进步势在必行。

2020年6月29日，生态环境部办公厅印发《重污染天气重点行业应急减排措施制定技术指南（2020年修订版）》，对包括铸造行业在内的39个行业提出了绩效分级及减排措施，对铸造行业的颗粒物、二氧化硫、氮氧化物、挥发性有机物等污染物提出了排放限值要求。

2016年，中国铸造协会编制了《绿色铸造企业评价规则》（T/CFA 030801-1—2016），要求从铸件的整个生命周期到各个过程、环节，应全面、系统地识别节能降耗、生态环境、健康安全和资源循环利用等绿色因素，针对关键和重点因素或环节，制定绿色提升技术的管理措施和要求，并将要求融入企业业务流程和管理流程。

在2013年发布的《铸造行业准入条件》的基础上于2019年发布了《铸造企业规范条件》（T/CFA 0310021—2019），加强了铸造行业自律，维护公平有序的市场竞争环境，引导企业规范发展，促进行业产业结构调整、优化和转型升级，遏制低水平重复建设与产能盲目扩张，提升产品质量，推进节能减排，提高资源和能源利用水平，同时规定了铸造企业的建设条件与布局、企业规模、生产工艺、生产装备、质量管控、能源消耗、环境保护、安全生产及职业健康和监督管理。

上述标准和规则的制定和实施，为铸造行业的清洁生产奠定了坚实基础。

（2）工艺结构情况

铸造，是指熔炼金属，制造铸型，并将熔融金属浇入铸型，凝固后获得具有一定形状、尺寸和性能的金属零件毛坯的成型方法。铸造生产工艺主要分为两大类：砂型铸造工艺和特种铸造工艺。两大类别又可细分为多种不同铸造工艺。

砂型铸造工艺包括黏土砂湿型工艺、树脂自硬砂型工艺、水玻璃自硬砂型工艺等。

特种铸造工艺包括离心铸造、熔模铸造（精密铸造）、压铸（高压铸造）、低压铸造、金属型铸造（含金属型覆砂）、消失模铸造、V法铸造、连续铸造、挤压铸造、差压铸造、石墨型铸造、陶瓷型铸造、石膏型铸造等工艺。其中消失模铸造和V法铸造因存在砂处理的工序，常被称为"特种砂型铸造工艺"。

上述不同铸造工艺又由多个不同生产工序构成。其中金属熔炼、炉前处理、浇注、清理和后处理是两大类别不同铸造工艺中共有的工序。

砂型铸造和特种铸造的生产工艺典型流程如图5-51所示。

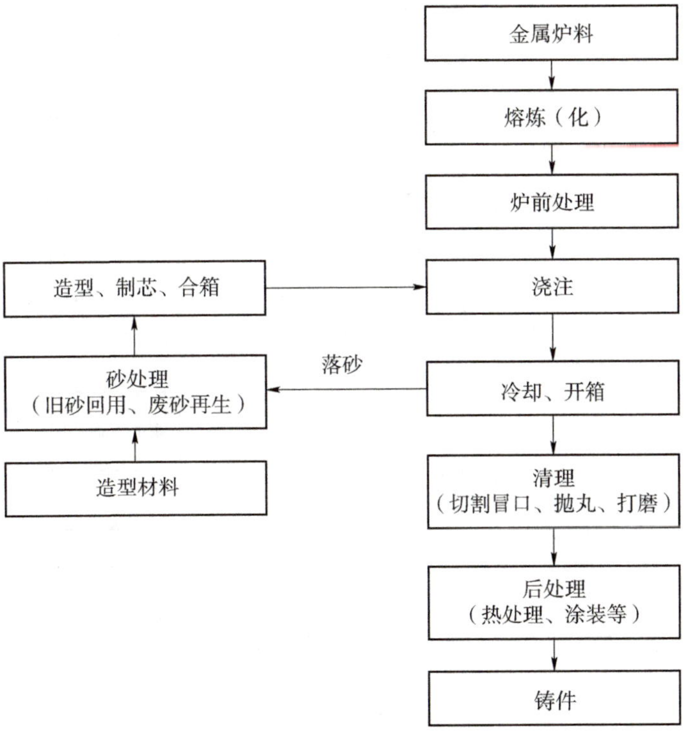

a. 砂型铸造生产工艺流程

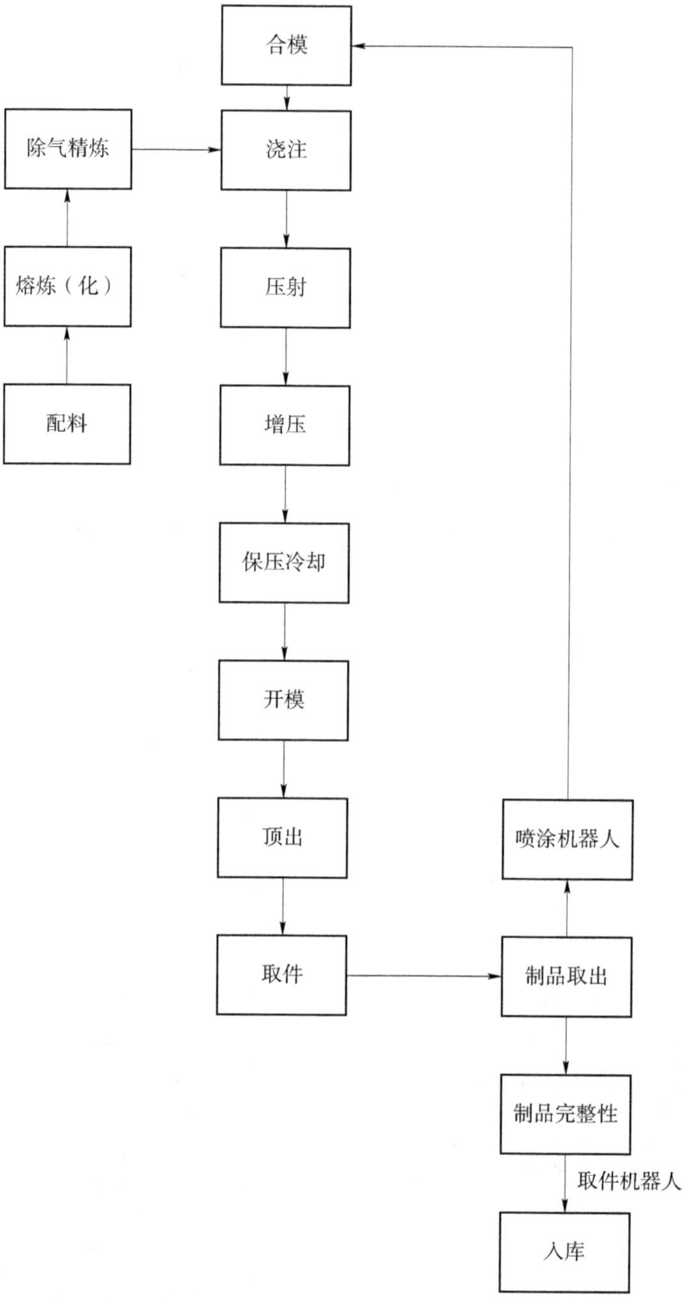

b. 压铸生产工艺流程

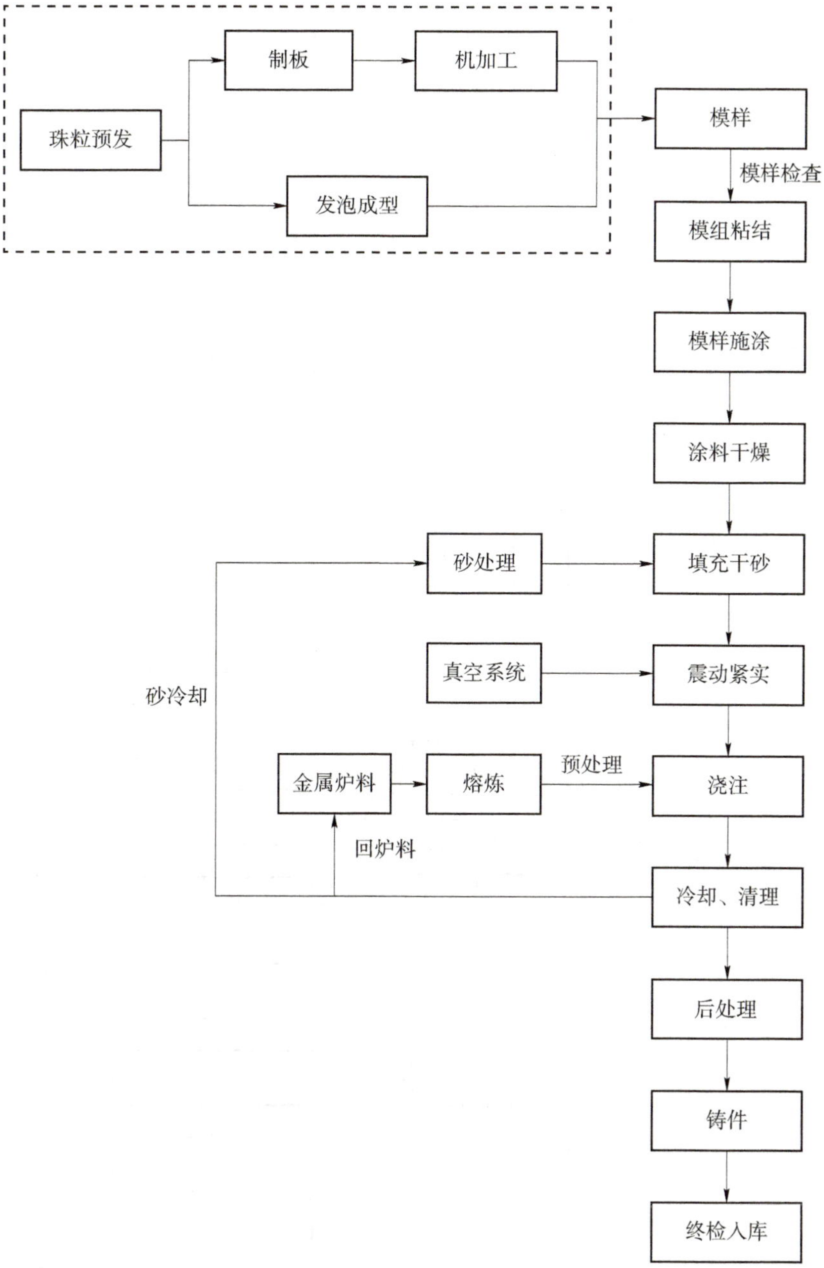

c. 消失模铸造生产工艺流程

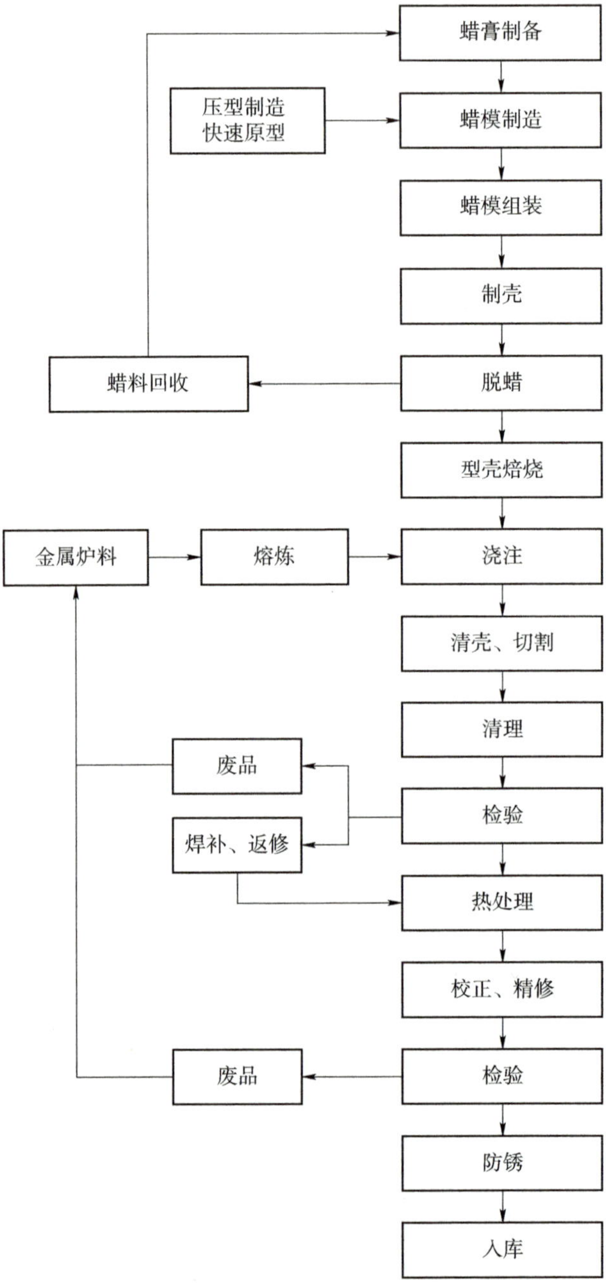

d. 熔模铸造生产工艺流程

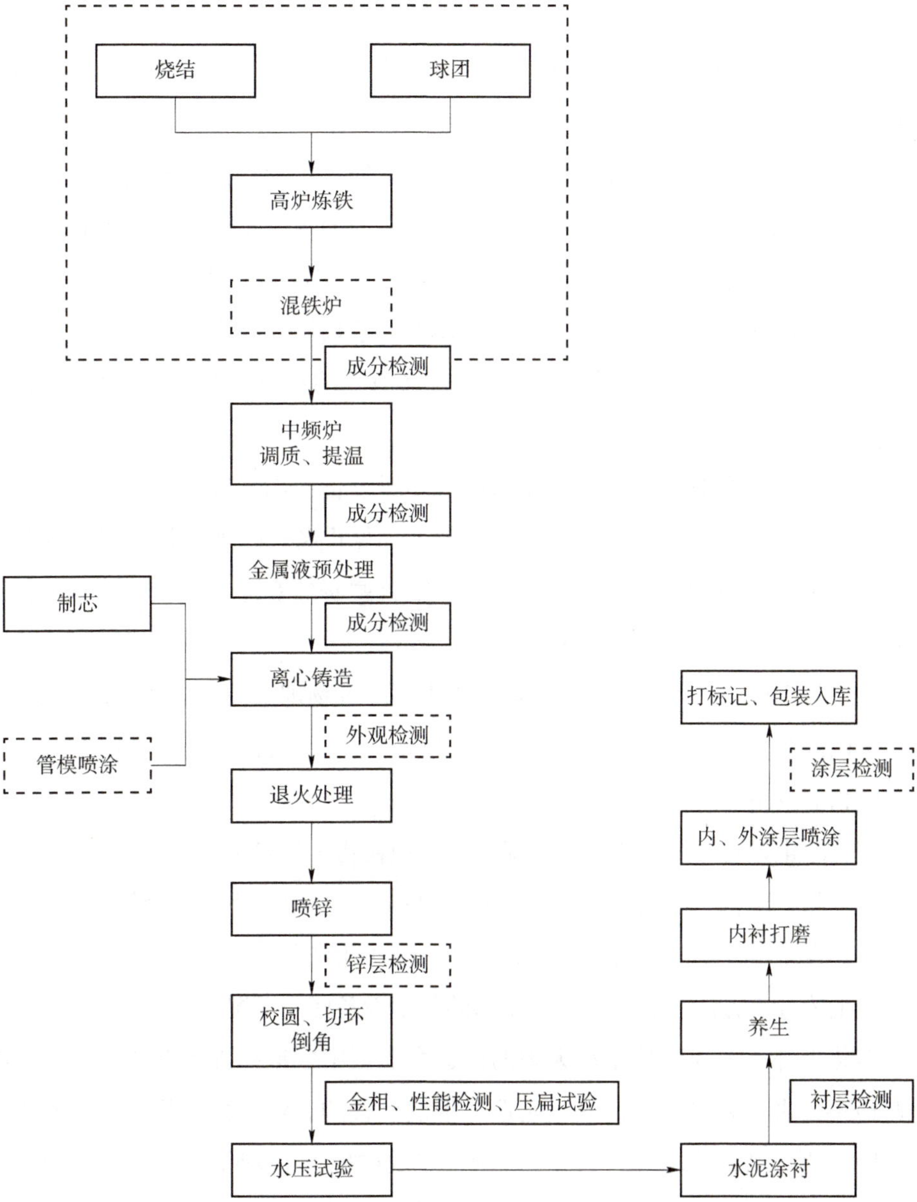

e. 离心球墨铸铁管生产工艺流程

图 5-51　砂型铸造和特种铸造的生产工艺典型流程

（3）环保设施配备情况

铸造工业企业废气治理技术主要为颗粒物、油雾、二氧化硫、氮氧化物、VOCs的治理技术。其中，颗粒物的治理技术主要包括一级处理技术、袋式除尘技术、滤筒除尘技术、湿式除尘技术和漆雾处理技术；油雾的治理技术主要包括机械过滤技术和静电净化技术；二氧化硫的治理技术主要包括单碱法脱硫技术、双碱法脱硫技术和钠基干法脱硫技术；VOCs的治理技术主要包括固定床吸附技术、旋转式吸附技术、催化燃烧技术、蓄热燃烧技术、吸收法治理技术和热力燃烧技术。VOCs的治理技术需要配备有效的预处理设施去除漆雾和控制湿度。

中国铸造协会对我国铸造行业当前的环保设备使用情况进行了系统的抽样调查。调查中发现，有很多企业虽已安装了环保设备，但所选用的设备种类有所不同。根据一般的环保设备分类方法，结合调研的实际情况，可将我国铸造企业使用的除尘设备分为以下几大类：

机械除尘设备——依靠气流碰撞、重力沉降等物理手段去除颗粒物的设备；

干法除尘设备——使用布袋等过滤材料，通过干态的过滤、吸附等方法去除颗粒物的设备；

湿法除尘设备——利用水流洗涤、吸附颗粒物（需要水）；

静电除尘设备——利用静电原理去除颗粒物（耗电但不需要滤料耗材）；

组合设备——上述设备的组合，如“机械＋干法”“机械＋湿法”等。

按上述分类方法，分别分析各工部的除尘设备使用情况：

熔化工部——我国使用冲天炉的铸造企业当中，选择配备湿法除尘设备的企业最多，占比超过一半，其次是选择干法设备的企业，机械除尘设备使用较少。使用感应电炉的铸造企业当中，绝大多数选择了干法除尘设备，占比80%，在这些干法除尘设备当中，布袋除尘设备占绝大多数，其次有少量企业选择湿法除尘和机械除尘，另有极少数选择了静电除尘设备。使用电弧炉（含电渣炉、精炼炉）的企业中选择干法除尘设备的企业同样占绝大多数，占比高达88%，在这些干法除尘设备当中，布袋除尘设备占绝大多数；其次有个别企业选择湿法除尘和机械除尘。使用燃气炉的铸造企业当中，选择了干法除尘和湿法除尘企业的比例大致相当，各占约四成，这可能是因为湿法除尘器对燃气炉产生的其他污染物也能有一定的处理效果。

造型浇注工部——86%的铸造企业为造型浇注工部配备的除尘设备为干法除尘设备。

清理工部——铸造企业当中，清理工序配备的除尘设备主要是针对落砂机、各类抛丸清理机、打磨等工序的，因此92%的铸造企业选择干法除尘设备；选择湿法的较少。

砂处理工部——砂处理工部包括造型前的混砂，以及落砂后的砂再生等，还有部分企业已使用成套的或自动化的砂处理设备，或形成完整的砂处理线。当前，我国铸造企业当中，高达91%的企业选择了干法除尘设备，选择其他设备的企业较少。

一般而言，机械除尘是较为初步的除尘工艺，只对粒径较大的颗粒物有效且去除率有限，但机械除尘在铸造企业的电弧炉上却能取得同样的效果；而静电除尘一般被认为是高效的除尘手段，但在铸造企业的使用情况却很不理想。所以，除尘设备不能盲目选择，对铸造行业并不存在某种"特效"设备，而是应根据企业的实际情况和具体需求选择，并做好运行管理，这样才能最终起到应有的作用，实现达标排放。

5.6.4 建议

（1）加快产业结构调整，淘汰落后产能

大力推进铸造行业规范制度，对不符合《铸造企业规范条件》的规模小、破坏资源、高污染、高能耗、不具备安全生产条件的铸造企业实施关闭。特别是将大气污染物控制效果作为市场准入门槛的必要评价指标，实行"一票否决"制，提高大气污染物控制效果。尽快对我国铸造产业结构进行调整，实现经济规模生产，提高铸造企业的专业化、铸件的商品化水平，要通过行业调整，逐步使我国的铸造厂家从现在的约23 000家减少到15 000家或更少，坚持"扶优扶强、促进技术进步"的原则，制定相应优惠政策，从整体上提升我国铸造行业的绿色水平。

（2）促进污染排放及清洁生产国家标准制定

2020年12月24日，生态环境部、国家市场监督管理总局发布了《铸造工业大气污染物排放标准》（GB 39726—2020），规定了铸造工业大气污染物排放控制要求、监测和监督管理要求；《排污许可证申请与核发技术规范　金属铸造工业》（HJ 1115—2020）也已经发布实施；目前中国铸造协会正在制定《铸造工业污染防治可行技术指南》，环保方面的系列标准逐步健全，在制定排放标准规定铸造企业末端排放水平的同时，也需要制定清洁生产方面的标准从生产工艺全流程的角度降低铸造生产的污染水平。清洁生产标准指依据生命周期分析原理，从生产工艺与装备、资源能源利用、产品、污染物产生、废物回收利用和环境管理6个方面，对行业的清洁生产水平给出阶段性的指标要求，指导企业清洁生产和污染的全过程控制。清洁生产指标一般根据当前的行业技术、装备水平和管理水平分为3个等级：一级为国际清洁生产先进水平；二级为国内清洁生产先进水平；三级为国内清洁生产基本水平。目前中国铸造协会已经颁布的协会标准《绿色铸造企业评价规则》（T/CFA 030801-1—2016）部分包括了清洁生产方面的要求，值得借鉴。

（3）推广清洁生产技术，从源头控制污染

在淘汰落后产能、落后技术的同时，也需要研发、推广产生污染更少的清洁生产技术，从源头上减少铸造生产活动中污染的产生。一方面，要在铸造工艺的选择上淘汰落后的、污染严重的工艺技术，推广绿色的、污染较低的工艺技术；另一方面，要在铸造生产的过程中加强管理和控制，降低每个生产环节的污染产生。要加大技术创新，有效阻止末端环节可能产生的大面积多点扬尘的情况。从根本上减少铸造污染源的生产，建议研究落实铸造清洁生产工程项目：开发黏土砂回用成套技术及设备；开放连续抛丸落砂清理成套设备；开放熔炼工部自动化成套设备及除尘设备；树脂砂工部污染的防治；无毒性或低毒的化学制剂；推广密闭式管道输送粉尘、型砂等。

（4）加快行业绿色发展

落实国家“碳达峰碳中和”总体部署，加快行业绿色低碳转型。推进绿色方式贯穿铸造和锻压生产行业全流程，开发绿色原辅材料、推广绿色工艺、建设绿色工厂、发展绿色园区，深入推进园区循环化改造。积极开展节能诊断服务工作，深入挖掘节能潜力。鼓励企业采用高效节能熔炼、热处理等设备，提高余热利用水平，推广短流程铸造，推进铸造废砂再生处理技术应用、废旧金属循环再生与利用，推广整体化大型化短流程低成本锻压技术，推广环保润滑介质应用，加大非调质钢使用比例等。铸造企业严格执行《铸造工业大气污染物排放标准》（GB 39726—2020）等国家标准，严格控制物料储存、输送及生产工艺过程中 NO_x 等污染物无组织排放。推进企业依据《排污许可证申请与核发技术规范　金属铸造工业》（HJ 1115—2020）等标准申请排污许可证。加强重点区域铸造企业大气污染防治绩效分级管理，提升企业环保治理水平。

（5）规范环保技术及装备市场

在研究中发现，有相当一部分企业使用了先进的、理论上完全有效的大气污染治理技术，但是却没有实现达标排放。这当中很大一部分原因在于其购置的设备本身的问题。铸造企业大多并不了解环保技术及装备，容易听信设备销售厂家的一面之词，而环保设备提供商也往往对铸造生产缺乏了解，最终导致铸造企业购入了并不适合自己工艺工况的环保设备，在长期的设备运行之后才凸显出设备本身的问题。另外，由于当前环保设备市场火热，大气污染治理设备生产厂家鱼龙混杂，提供处理效果极差甚至几乎无效的低价设备，或以次充好设备的厂家大量存在，这给铸造企业带来很大困扰。作为铸造行业也急切地希望环保部门可以规范环保技术及装备市场，通过对相关供应商进行质量、效果的监督和检查，建立有序的市场氛围，从而促进供应商的自我约束。在污染最佳技术指南的基础上，建立优质设备型号的推荐名录，或建立优质的供应商推荐目录，以引导铸造企业大气污染治理工作的开展。

5.7 印染行业清洁生产进展

5.7.1 印染行业发展现状和趋势

（1）印染行业发展现状

印染行业是纺织品深加工、精加工和提高附加值的关键行业，在纺织工业产业链中发挥着重要的承上启下的作用，是纺织工业绿色发展和科技发展水平的重要体现。“十三五”期间，印染行业转型升级深入推进，创新能力稳步提升，绿色发展成效显著，行业高质量发展迈出了坚实一步。

我国印染企业主要集中在东部沿海水源丰富和经济发达地区，包括长江流域、珠江流域、淮河流域、东南诸河，海河流域、辽河流域也有一定分布。从省份来看，我国印染产能主要集中在浙江、江苏、山东、广东和福建五大省份，目前，这五大省份的印染布产量占全国产量的95%左右。十三五”期间，印染行业运行总体平稳，规模、效益保持在合理区间。2015—2019年，规模以上企业印染布产量由509.53亿米增长至537.63亿米，印染八大类产品出口数量由206.59亿米增长至268.23亿米，出口金额由243.10亿美元增长至274.17亿美元。2020年，规模以上企业印染布产量525.03亿米，营业收入2 541.3亿元，实现利润总额126.7亿元。

我国印染产品种类齐全，涵盖服装、家用纺织品、产业用三大终端纺织品所需的印染面料产品，在高、中、低端各产品领域分布较为均衡。“十三五”以来，印染行业以产业升级顺应消费升级，持续加强以市场为导向的产品创新和产业链协同创新，产品供给结构进一步优化，产品品种不断丰富，品质、档次稳步提升，很好地满足了消费者在服用性能、生态环保、健康防护等方面的需求。

“十三五”期间，印染行业技术和装备水平大幅提升，2016—2020年，全行业共有163项科技成果荣获中国纺织工业联合会“纺织之光”科学技术奖，一大批节能减排先进技术得到普遍应用，一批先进适用技术取得突破并实现产业化。生产装备自动化、数字化水平明显提升，节能减排装备的应用面不断扩大，印染自动化系统和装备逐步推广应用。

"十三五"期间，印染企业扎实推进精细化管理，持续开展质量管理、环境管理、职业健康安全管理、社会责任管理等体系认证，不断加强生产管理、现场管理、设备管理、化学品管控等内部建设，健全和强化制度管理。ERP、MES等数字化管理系统在印染企业得到不同程度的应用，覆盖印染全流程的数字化信息系统以及智能物流系统在部分骨干企业得以实施。

印染作为纺织工业绿色低碳发展的重要体现，近年来深入贯彻国家各项环境管理政策和标准规范，积极推进绿色低碳转型，扎实推进绿色发展。能源结构持续优化，天然气、中压蒸汽等清洁能源应用比例加大，节能、节水工艺技术及环保、高效印染装备的应用范围不断扩大，水资源、能源等资源利用效率持续提高，单位产品资源消耗和污染物排放进一步下降。

（2）印染行业发展趋势

"十四五"时期，我国印染行业所处的国际环境依然错综复杂，但发展总体向好的趋势没有变。新时期，印染行业需要进一步推动产业集聚化发展，形成集约低碳型发展方式，深入推进绿色发展和智能化转型，着力提高发展质量和产业现代化水平。

一是继续向集聚化方向发展。产业集聚是现代经济发展的必然趋势，是现代经济布局中的主要特征。发展印染工业园区，既是加快传统印染产业转型升级的有力抓手，也是印染行业高质量发展的重要支撑。"十四五"时期，印染行业将紧跟国家工业园区集中管理的发展方向，大力推进印染园区企业向用地集约化、原料无害化、生产清洁化、废物资源化、能源低碳化方向发展。通过区域合理布局、地区产业集约化的思路，进一步发挥产业集聚效应，实现印染产业与生态环境的协调发展。

二是向节能低碳方向发展。节能低碳发展是印染行业缓解资源环境约束的重要举措，也是实现可持续发展、推动行业转型升级、提升国际竞争力的必然途径。"十四五"时期，在"双碳"目标指引下，印染行业将加强绿色制造技术、工艺及装备的推广和应用，着重推进生态印染加工关键技术突破，发展高效低耗及短流程印染技术、少水及无水印染技术、绿色纺织化学品、印染废水高效低成本深度处理及回用技术等。在全产业链推广清洁生产技术，加强生产过程的污染物管控与资源综合利用，加快绿色低碳转型。

三是向信息化、智能化管理方向发展。“十四五”时期，数字经济与信息化将对行业转型升级发挥越来越重要的作用，推动印染行业生产与管理不断向信息化、智能化方向发展。印染行业将积极顺应新一轮科技革命和产业变革大势，加强印染自动化、信息化和数字化管理，扩大印染 MES、ERP 系统的应用范围。印染企业各工艺流程基本覆盖数字化监控系统，实现对机械参数、工艺参数、能源消耗和过程质量的全方位管理，全面提升印染行业现代化管理水平。

5.7.2 印染行业发展面临的问题

中国印染行业发展取得了一定成绩，但也面临着新的发展“瓶颈”，存在需要持续关注的问题：例如，综合创新能力偏弱，创新研发投入不足，创新型人才缺乏，创新成果转化效率有待提高；环境要素的刚性制约不断强化，环保压力持续加大；部分关键核心技术和高端装备对外依存度高，亟须加快补短板强弱项；高端产品有效供给不足，自营贸易比例不高，产品结构和市场结构有待进一步调整；智能制造程度较低，信息化与智能化水平仍需提升。

5.7.3 “十三五”印染行业清洁生产进展

清洁生产是践行绿色低碳发展理念的重要途径，对从源头上减少或消除污染、提升生态环境质量具有积极意义。“十三五”以来，印染行业积极推进清洁生产工作，主动配合负责清洁生产审核工作的部门开展清洁生产审核，清洁生产水平不断提高。

（1）政策引导作用持续加强

“十三五”期间，国家和地方出台了一系列与印染相关的环保政策，这些政策对引导和推动印染行业实施清洁生产、提高污染治理能力和水平起到了重要作用。

国家层面,《水污染防治行动计划》提出,制定包括印染在内的十大重点行业专项治理方案,实施清洁化改造。《"十三五"节能环保产业发展规划》鼓励采用合同节水模式,在纺织等高耗水行业开展节水改造。《"十三五"生态环境保护规划》要求,以印染等行业为重点,推进行业达标排放改造。《"十三五"节能减排综合工作方案》提出,对印染等行业中,环保、能耗、安全等不达标或生产、使用淘汰类产品的企业和产能,要依法依规有序退出。《印染行业规范条件(2017版)》及《印染企业规范公告管理暂行办法》对印染企业的布局、工艺与装备、质量与管理、资源消耗、环境保护与资源综合利用、安全生产与社会责任等方面进行了明确的规定。《印染行业绿色发展技术指南(2019版)》内容涉及印染行业绿色先进适用技术和前沿科技攻关技术,为印染行业转型升级提供了指导。

地方层面,江苏省出台了《江苏省太湖水污染防治条例》《关于严格太湖流域改建印染项目环境准入要求的通知》《"两减六治三提升"专项行动实施方案》《江苏省重点行业建设项目碳排放环境影响评价技术指南(试行)》《吴江区"三水同治"印染行业专项整治实施方案》等政策措施;浙江省出台了《浙江省水污染防治行动计划》《浙江省大气污染防治条例》《嘉兴市重点区域臭气废气整治行动实施方案》《关于开展印染产业整治　提升"亮剑"行动的工作方案》《浙江省节能降耗和能源资源优化配置"十四五"规划》《柯桥区印染行业废气治理规范》等政策措施;福建省出台了《福建省工业污染源全面达标排放计划实施方案》《石狮市印染企业评价办法》等政策措施。

(2)行业标准体系不断完善

"十三五"期间,针对印染行业清洁生产、污染物治理和排放、产品安全、环境监管,国家和地方相关部门发布实施了一系列国家和地方标准。印染行业相关环境标准体系进一步完善,对防治环境污染,改善环境质量,促进行业生产工艺和污染治理技术进步,保障行业绿色发展具有重要意义。

国家层面,《纺织染整工业水污染物排放标准》(GB 4287—2012)全面实施并不断调整完善,修订后的《纺织工业水污染物排放标准》(代替GB 4287—2012、GB 28936—2012、GB 28937—2012、GB 28938—2012)于2019年发布征求意见稿;《纺织染整工业大气污染物排放标准》正在制定过程中;《印染行业清洁生产评价指标体系》于2019年发布征求意见稿;《排污许可证申请与核发技术规范　纺织印染工业》(HJ 861—2017)、《排污单位自行监测技术指南　纺织印染工业》(HJ 879—2017)、《污染源源强核算技术指南　纺织印染工业》(HJ 990—2018)、《纺织染整工业废水治理工程技术规范》(HJ 471—2020)、《生态纺织品技术要求》(GB/T 18885—2020)等国家标准规范发布并实施。

地方层面，浙江省发布实施了《纺织染整工业大气污染物排放标准》(DB 33/962—2015)、江苏省发布实施了《纺织染整工业废水中锑污染物排放标准》(DB33/3432—2018)等地方标准。

(3)清洁生产取得成效

“十三五”期间，印染行业按照国家政策要求加快清洁生产工作推行进程，在产品、工艺技术、装备以及管理方面的优化改造取得明显成效。

1)产品设计优化。

“十三五”期间，印染行业对在生产过程中物耗、能耗大、污染严重、使用过程和使用后危害生态环境的产品进行结构调整，推动产品全生命周期的绿色设计，促进行业绿色可持续发展。工业和信息化部从2017年开始组织申报绿色设计产品以来，上百种纺织印染产品入选“绿色设计产品”。这些绿色产品对化学品管控和纺织品安全提出严格要求，各项指标与国际接轨，各项指标均严于行业目前已出台的标准或法规。

2)源头控制加强。

“十三五”期间，印染行业加快有毒有害化学品的替代，积极采用高效、环保和符合生态纺织品生产要求的染化料和助剂，积极推广使用高性能、高上染率的活性染料、耐碱分散染料、高色牢度天然染料等环保型染料，高品质数码印花墨水、纳米涂料，代用盐、尿素替代剂、染料印花用环保型合成增稠剂、新型环保高效整理剂等环保助剂，从源头削减或避免污染物的产生。

3)生产技术装备改造加快。

“十三五”期间，印染行业加速产业升级加大技术装备改造力度，淘汰一批高耗水、高耗能的设备，对高能耗、高污染的生产工艺技术进行优化改进，积极实施节水、节能改造，加快先进清洁生产技术的研发和推广应用力度。在前处理环节，积极推广使用生物酶前处理、冷轧堆前处理、棉织物低温漂白、针织物连续平幅前处理、化纤机织物连续平幅前处理等工艺及相关装备。在染色环节，推广使用小浴比低能耗间歇式染色、冷轧堆染色、活性染料少盐无盐染色、涤纶织物少水连续轧染、液态分散染料印染、分散染料碱性染色等工艺及相关装备。在印花环节，推广使用数码喷墨印花、转移印花、高牢度涂料印花、低尿素活性染料印花等工艺及相关设备。在整理环节，推广使用无氟防水整理、水基（性）聚氨酯涂层整理、机械整理（轧光、轧纹、电光、轧花、磨毛、柔软、预缩、起绒）等整理工艺和相关装备。

"十三五"期间，印染行业加快数字化、信息化装备改造，测色配色仪、自动滴液机、工艺参数在线监测与控制系统、染化料自动称量配送系统、印花自动调浆系统、智能仓库等印染自动化系统和装备逐步推广应用，并建立数字化印染示范生产线和车间，大幅度减少用工数，提高生产效率，提高印染产品品质，降低资源消耗。

4）污染物治理及资源综合利用改造加快。

为减轻印染行业对环境的污染，"十三五"期间，行业加快了污染物治理及资源综合利用的改造进程，印染行业整体污染物治理水平和资源利用效率得到进一步提升。印染废水分质处理分质回用技术在行业内得到普遍应用，膜处理及回用技术已经成为主要的废水深度处理回用途径，废水再生回用率不断提高，印染高盐废水处理技术取得进展并产业化，印染高温废水余热回收技术推广率逐步提高。目前印染行业废气治理普遍采用"冷却＋水喷淋＋高压静电治理"设备，大部分具备自动清洗、主动防火、自动灭火等功能。大部分企业定形机配备余热回收装置。蒸汽冷凝水回用技术、蒸汽热能梯级利用、印染设备隔热保温技术、碱减量PTA回收、丝光淡碱回用等资源综合利用技术在印染行业得到普遍应用。

5）清洁生产管理水平提升。

"十三五"期间，印染行业水耗、能耗和污染物排放管理工作逐步加强，大部分印染企业专门设置了能源和用水管理机构，部分印染企业用水、用电、用气实现了三级计量管理。行业加强原材料（染料、助剂、坯布）质量管理、生产管理、现场管理、设备管理、化学品管控，并积极将信息化、数字化技术融入企业管理，从人工管理模式升级为大数据管理，提高一次成功率，实现降本、增效、减污的精益生产。

（4）资源消耗明显下降

1）水耗降低，水效提升。

纺织工业被国家发展改革委和水利部列为五大耗水工业部门之一，印染行业由于用水、取水量大，又成为纺织工业的重点节水行业。印染行业生产用水主要包括各类织物的前处理、染色、印花工艺用水和漂洗用水。"十三五"期间，印染行业节水减排取得积极进展，机织物单位产品水耗由 1.8 吨 /10^2 米下降到 1.5 吨 /10^2 米，下降幅度为 17%；针织物单位产品水耗由 110 吨水 / 吨下降到 95 吨水 / 吨，下降幅度为 14%；水重复利用率由 30% 提高到 40%，提高了 10 个百分点。

2）能耗不断降低。

根据国家统计局数据，2015—2019 年，纺织工业能源消耗总量由 9 970.66 万吨标准煤增加至 10 719 万吨标准煤，占全国工业行业的比重由 2.30% 下降至 2.20%，下降了 0.1 个百分点，详见表 5-17。根据印染行业规模以上印染布产量和单位产品综合能耗推算，2015—2019 年印染行业能源消耗量占纺织工业能源消耗总量的比例为 17%～20%。"十三五"期间，印染行业单位产品综合能耗下降近 15%，其中，机织物单位产品能耗由 41 千克标准煤 /10^2 米下降到 35 千克标准煤 /10^2 米，针织物单位产品能耗由 1.4 吨标准煤 / 吨下降到 1.2 吨标准煤 / 吨。

表 5-17　2015—2019 年纺织工业能源消耗汇总

行业	单位	2015 年	2016 年	2017 年	2018 年	2019 年
纺织工业能源消耗总量	万吨标准煤	9 971	10 316	10 573	10 567	10 719
其中：纺织业	万吨标准煤	7 136	7 295	7 487	7 372	7 398
纺织服装、服饰业	万吨标准煤	923	946	882	866	905
化学纤维制造业	万吨标准煤	1 912	2 075	2 204	2 329	2 416
全国能源消耗总量	万吨标准煤	434 113	441 492	455 827	471 925	487 488
纺织工业能源消耗总量占全国比重	%	2.30	2.34	2.32	2.24	2.20

数据来源：国家统计局。

（5）污染物排放持续下降

1）水污染物排放下降，治理能力提升。

印染行业废水排放量约占纺织工业废水排放量的 70%，是我国在水污染物减排、排放总量控制、清洁生产以及产业结构调整等方面严格把控的重点行业之一。由于 2015 年之后《中国环境统计年报》只公布纺织业相关污染物数据，没有公布纺织服装、服饰业和化学纤维制造业数据，所以本书只分析纺织业情况。

"十二五"期间，纺织业废水治理设施不断减少，但废水处理能力进一步提高。2011—2015 年，纺织业废水治理设施由 9 239 套下降到 5 547 套，下降 39.96%；废水治理设施处理能力从 1 078 万吨 / 天增加到 1 216 万吨 / 天，增加 12.80%。"十三五"纺织业废水治理设施进一步减少，2016—2020 年纺织业废水治理设施由 4 697 套下降到 4 362 套，下降 7.1%。

"十三五"期间，通过推动产业结构调整、淘汰落后设备和生产工艺，升级生产装备及废水处理设施、推广清洁生产技术、加强污染物治理等手段和措施，印染行业化学需氧量、氨氮排放量、总氮排放量等指标都有不同程度的下降。2020 年纺织业废水中化学需氧量排放量、氨氮排放量分别为 6.06 万吨和 0.17 万吨，与 2015 年相比，分别下降 70.58% 和 88.67%，2016—2020 年纺织业总氮排放量下降 40%，详见表 5-18。

表 5-18　2015—2020 年纺织业废水中主要污染物排放情况　　单位：万吨

年份	化学需氧量排放总量	氨氮排放总量	总氮排放量
2015	20.60	1.50	—
2016	10.93	—	1.85
2017	10.99	0.35	1.85
2018	10.33	0.32	1.59
2019	9.34	0.27	1.45
2020	6.06	0.17	1.11

数据来源：《中国环境统计年报》。"—"为未公布数据。

2）废气、固体废物排放得到有效治理。

2013年9月，国务院印发《大气污染防治行动计划》，对多个行业进行工业废气重点治理，纺织印染行业是其中之一。印染行业产生废气环节主要包括前处理工艺中的烧毛与预定形，印花工艺中的干燥和固色过程，后整理工艺中的起毛、热定形、涂层，厂内污水站废气。"十三五"期间，部分省份出台印染废气相关标准，印染行业积极采取有效措施加大力度进行废气污染物治理。

印染行业的一般固体废物主要包括废包装、印染废布、锅炉燃烧产生的废渣、污泥等。生产过程中产生的废布、污泥等按一般固体废物处理。《国家危险废物名录》中列明的与印染行业相关的危险废物包括含油废水处理中隔油、气浮、沉淀等处理过程中产生的浮油、浮渣和污泥（不包括废水生化处理污泥）；使用氢氧化钠进行煮炼或丝光过程中产生的废碱液；生产、销售及使用过程中产生的失效、变质、不合格、淘汰、伪劣的强酸性擦洗粉、清洁剂、污迹去除剂以及其他强酸性废酸液和酸渣；使用各种颜料进行着色过程中产生的废颜料；烟气、VOCs治理过程中产生的废活性炭。企业基本委托有资质的第三方处置印染危险废物。"十三五"期间，印染行业固体废物、危险固体废物处置按照相关要求落实台账、联单制度，大部分企业委托有资质的第三方处置达到排污许可证等政策要求。

（6）清洁生产推进存在的主要问题

1）清洁生产管理水平有待提高。

印染行业技术装备水平和国际先进水平的差距并不明显，但是企业内部管理、供应链管理等尚存在差距。企业缺乏提高管理水平和经济效益的科学化、现代化管理手段。行业内有部分企业开展精益生产管理，但粗放型管理模式依旧存在，一些地区通过清洁生产审核的企业占比还不高。绿色供应链、产业链前后端的衔接还应进一步协同管控，数字化、信息化管理与印染清洁生产之间融合的空间还很大，清洁生产制度建设、清洁生产审核、人员培训等方面有待加强。

2）缺乏清洁生产法规体系和有效监督管理。

国家虽然已经颁布了一系列清洁生产标准和清洁生产评价体系，但是缺少推进落实的具体方法和手段。目前，配套的激励政策还很少，在财政支持等方面的支持力度不够，企业推进清洁生产的动力不足。另外，与清洁生产相配套的监控技术不完善也使清洁生产难以有效推行。

5.7.4 建议

（1）鼓励技术创新和改造

鼓励企业加强与国内科研机构和高等院校之间的合作和交流，及时关注国内外印染行业先进的清洁生产技术，提高对印染行业节能、节水、降耗、减排、污染物无害化处理与废弃物资源化综合利用的新技术、新工艺、新设备等的研究开发能力，加快科技成果产业化，降低企业生产成本，提高生产效率，使企业经济效益和环境效益得到持续提升。深入挖掘行业的清洁生产潜力，加强清洁生产先进技术的推广和应用，促进企业通过清洁生产技术改造，全面提升行业清洁生产水平。

（2）推进园区建设

加快印染产业布局的合理化，鼓励印染企业逐步进入印染园区和开发区，加快印染工业园区和集控区建设步伐，包括工业园区集中供热、废水治理、排污等配套设施的建设，以及集控区企业流量计、数据传输模块等在线自动监控设施的建设。提高园区资源能源使用效率，加快园区实施节能、节水、减污、降碳等系统性清洁生产改造，降低废弃物及污染物排放强度，强化资源环境总量控制，综合推进印染行业清洁生产和环境保护。

（3）完善标准体系

尽快完善发布印染行业清洁生产评价体系和实施方案，将推行印染行业清洁生产规划纳入社会经济发展规划和环境规划。加快制定与印染行业清洁生产相配套的政策法规体系，包括生态印染产品管理体系及清洁生产技术开发与推广、清洁生产机构建设等。同时要健全执法监督体系，依法管理、引导和规范企业的清洁生产行为。

附　件

Appendix

附件 1 清洁生产审核办法

中华人民共和国国家发展和改革委员会
中华人民共和国环境保护部
令

第 38 号

为落实《中华人民共和国清洁生产促进法》(2012 年),进一步规范清洁生产审核程序,更好地指导地方和企业开展清洁生产审核,我们对《清洁生产审核暂行办法》进行了修订。现将修订后的《清洁生产审核办法》予以发布,并于 2016 年 7 月 1 日起正式实施,2004 年 8 月 16 日颁布的《清洁生产审核暂行办法》(国家发展和改革委员会、原国家环境保护总局令 第 16 号)同时废止。

国家发展和改革委员会主任:徐绍史
环境保护部部长:陈吉宁
2016 年 5 月 16 日

清洁生产审核办法

第一章　总　　则

第一条　为促进清洁生产，规范清洁生产审核行为，根据《中华人民共和国清洁生产促进法》，制定本办法。

第二条　本办法所称清洁生产审核，是指按照一定程序，对生产和服务过程进行调查和诊断，找出能耗高、物耗高、污染重的原因，提出降低能耗、物耗、废物产生以及减少有毒有害物料的使用、产生和废弃物资源化利用的方案，进而选定并实施技术经济及环境可行的清洁生产方案的过程。

第三条　本办法适用于中华人民共和国领域内所有从事生产和服务活动的单位以及从事相关管理活动的部门。

第四条　国家发展和改革委员会会同环境保护部负责全国清洁生产审核的组织、协调、指导和监督工作。县级以上地方人民政府确定的清洁生产综合协调部门会同环境保护主管部门、管理节能工作的部门（以下简称“节能主管部门”）和其他有关部门，根据本地区实际情况，组织开展清洁生产审核。

第五条　清洁生产审核应当以企业为主体，遵循企业自愿审核与国家强制审核相结合、企业自主审核与外部协助审核相结合的原则，因地制宜、有序开展、注重实效。

第二章　清洁生产审核范围

第六条　清洁生产审核分为自愿性审核和强制性审核。

第七条　国家鼓励企业自愿开展清洁生产审核。本办法第八条规定以外的企业，可以自愿组织实施清洁生产审核。

第八条　有下列情形之一的企业，应当实施强制性清洁生产审核：

（一）污染物排放超过国家或者地方规定的排放标准，或者虽未超过国家或者地方规定的排放标准，但超过重点污染物排放总量控制指标的；

（二）超过单位产品能源消耗限额标准构成高耗能的；

（三）使用有毒有害原料进行生产或者在生产中排放有毒有害物质的。

其中有毒有害原料或物质包括以下几类：

第一类，危险废物。包括列入《国家危险废物名录》的危险废物，以及根据国家规定的危险废物鉴别标准和鉴别方法认定的具有危险特性的废物。

第二类，剧毒化学品、列入《重点环境管理危险化学品目录》的化学品，以及含有上述化学品的物质。

第三类，含有铅、汞、镉、铬等重金属和类金属砷的物质。

第四类，《关于持久性有机污染物的斯德哥尔摩公约》附件所列物质。

第五类，其他具有毒性、可能污染环境的物质。

第三章　清洁生产审核的实施

第九条　本办法第八条第（一）款、第（三）款规定实施强制性清洁生产审核的企业名单，由所在地县级以上环境保护主管部门按照管理权限提出，逐级报省级环境保护主管部门核定后确定，根据属地原则书面通知企业，并抄送同级清洁生产综合协调部门和行业管理部门。

本办法第八条第（二）款规定实施强制性清洁生产审核的企业名单，由所在地县级以上节能主管部门按照管理权限提出，逐级报省级节能主管部门核定后确定，根据属地原则书面通知企业，并抄送同级清洁生产综合协调部门和行业管理部门。

第十条　各省级环境保护主管部门、节能主管部门应当按照各自职责，分别汇总提出应当实施强制性清洁生产审核的企业单位名单，由清洁生产综合协调部门会同环境保护主管部门或节能主管部门，在官方网站或采取其他便于公众知晓的方式分期分批发布。

第十一条　实施强制性清洁生产审核的企业，应当在名单公布后一个月内，在当地主要媒体、企业官方网站或采取其他便于公众知晓的方式公布企业相关信息。

（一）本办法第八条第（一）款规定实施强制性清洁生产审核的企业，公布的主要信息包括：企业名称、法人代表、企业所在地址、排放污染物名称、排放方式、排放浓度和总量、超标及超总量情况。

（二）本办法第八条第（二）款规定实施强制性清洁生产审核的企业，公布的主要信息包括：企业名称、法人代表、企业所在地址、主要能源品种及消耗量、单位产值能耗、单位产品能耗、超过单位产品能耗限额标准情况。

（三）本办法第八条第（三）款规定实施强制性清洁生产审核的企业，公布的主要信息包括：企业名称、法人代表、企业所在地址、使用有毒有害原料的名称、数量、用途，排放有毒有害物质的名称、浓度和数量，危险废物的产生和处置情况，依法落实环境风险防控措施情况等。

（四）符合本办法第八条两款以上情况的企业，应当参照上述要求同时公布相关信息。

企业应对其公布信息的真实性负责。

第十二条 列入实施强制性清洁生产审核名单的企业应当在名单公布后两个月内开展清洁生产审核。

本办法第八条第（三）款规定实施强制性清洁生产审核的企业，两次清洁生产审核的间隔时间不得超过五年。

第十三条 自愿实施清洁生产审核的企业可参照强制性清洁生产审核的程序开展审核。

第十四条 清洁生产审核程序原则上包括审核准备、预审核、审核、方案的产生和筛选、方案的确定、方案的实施、持续清洁生产等。

第四章 清洁生产审核的组织和管理

第十五条 清洁生产审核以企业自行组织开展为主。实施强制性清洁生产审核的企业，如果自行独立组织开展清洁生产审核，应具备本办法第十六条第（二）款、第（三）款的条件。

不具备独立开展清洁生产审核能力的企业，可以聘请外部专家或委托具备相应能力的咨询服务机构协助开展清洁生产审核。

第十六条 协助企业组织开展清洁生产审核工作的咨询服务机构，应当具备下列条件：

（一）具有独立法人资格，具备为企业清洁生产审核提供公平、公正和高效率服务的质量保证体系和管理制度。

（二）具备开展清洁生产审核物料平衡测试、能量和水平衡测试的基本检测分析器具、设备或手段。

（三）拥有熟悉相关行业生产工艺、技术规程和节能、节水、污染防治管理要求的技术人员。

（四）拥有掌握清洁生产审核方法并具有清洁生产审核咨询经验的技术人员。

第十七条 列入本办法第八条第（一）款和第（三）款规定实施强制性清洁生产审核的企业，应当在名单公布之日起一年内，完成本轮清洁生产审核并将清洁生产审核报告报当地县级以上环境保护主管部门和清洁生产综合协调部门。

列入第八条第（二）款规定实施强制性清洁生产审核的企业，应当在名单公布之日起一年内，完成本轮清洁生产审核并将清洁生产审核报告报当地县级以上节能主管部门和清洁生产综合协调部门。

第十八条 县级以上清洁生产综合协调部门应当会同环境保护主管部门、节能主管部门，对企业实施强制性清洁生产审核的情况进行监督，督促企业按进度开展清洁生产审核。

第十九条 有关部门以及咨询服务机构应当为实施清洁生产审核的企业保守技术和商业秘密。

第二十条 县级以上环境保护主管部门或节能主管部门，应当在各自的职责范围内组织清洁生产专家或委托相关单位，对以下企业实施清洁生产审核的效果进行评估验收：

（一）国家考核的规划、行动计划中明确指出需要开展强制性清洁生产审核工作的企业。

（二）申请各级清洁生产、节能减排等财政资金的企业。

上述涉及本办法第八条第（一）款、第（三）款规定实施强制性清洁生产审核企业的评估验收工作由县级以上环境保护主管部门牵头，涉及本办法第八条第（二）款规定实施强制性清洁生产审核企业的评估验收工作由县级以上节能主管部门牵头。

第二十一条 对企业实施清洁生产审核评估的重点是对企业清洁生产审核过程的真实性、清洁生产审核报告的规范性、清洁生产方案的合理性和有效性进行评估。

第二十二条 对企业实施清洁生产审核的效果进行验收，应当包括以下主要内容：

（一）企业实施完成清洁生产方案后，污染减排、能源资源利用效率、工艺装备控制、产品和服务等改进效果，环境、经济效益是否达到预期目标。

（二）按照清洁生产评价指标体系，对企业清洁生产水平进行评定。

第二十三条 对本办法第二十条中企业实施清洁生产审核效果的评估验收，所需费用由组织评估验收的部门报请地方政府纳入预算。承担评估验收工作的部门或者单位不得向被评估验收企业收取费用。

第二十四条 自愿实施清洁生产审核的企业如需评估验收，可参照强制性清洁生产审核的相关条款执行。

第二十五条 清洁生产审核评估验收的结果可作为落后产能界定等工作的参考依据。

第二十六条 县级以上清洁生产综合协调部门会同环境保护主管部门、节能主管部门，应当每年定期向上一级清洁生产综合协调部门和环境保护主管部门、节能主管部门报送辖区内企业开展清洁生产审核情况、评估验收工作情况。

第二十七条 国家发展和改革委员会、环境保护部会同相关部门建立国家级清洁生产专家库，发布行业清洁生产评价指标体系、重点行业清洁生产审核指南，组织开展清洁生产培训，为企业开展清洁生产审核提供信息和技术支持。

各级清洁生产综合协调部门会同环境保护主管部门、节能主管部门可以根据本地实际情况，组织开展清洁生产培训，建立地方清洁生产专家库。

第五章 奖励和处罚

第二十八条 对自愿实施清洁生产审核，以及清洁生产方案实施后成效显著的企业，由省级清洁生产综合协调部门和环境保护主管部门、节能主管部门对其进行表彰，并在当地主要媒体上公布。

第二十九条 各级清洁生产综合协调部门及其他有关部门在制定实施国家重点投资计划和地方投资计划时，应当将企业清洁生产实施方案中的提高能源资源利用效率、预防污染、综合利用等清洁生产项目列为重点领域，加大投资支持力度。

第三十条 排污费资金可以用于支持企业实施清洁生产。对符合《排污费征收使用管理条例》规定的清洁生产项目，各级财政部门、环境保护部门在排污费使用上优先给予安排。

第三十一条 企业开展清洁生产审核和培训的费用，允许列入企业经营成本或者相关费用科目。

第三十二条 企业可以根据实际情况建立企业内部清洁生产表彰奖励制度，对清洁生产审核工作中成效显著的人员给予奖励。

第三十三条 对本办法第八条规定实施强制性清洁生产审核的企业，违反本办法第十一条规定的，按照《中华人民共和国清洁生产促进法》第三十六条规定处罚。

第三十四条 违反本办法第八条、第十七条规定，不实施强制性清洁生产审核或在审核中弄虚作假的，或者实施强制性清洁生产审核的企业不报告或者不如实报告审核结果的，按照《中华人民共和国清洁生产促进法》第三十九条规定处罚。

第三十五条 企业委托的咨询服务机构不按照规定内容、程序进行清洁生产审核，弄虚作假、提供虚假审核报告的，由省、自治区、直辖市、计划单列市及新疆生产建设兵团清洁生产综合协调部门会同环境保护主管部门或节能主管部门责令其改正，并公布其名单。造成严重后果的，追究其法律责任。

第三十六条 对违反本办法相关规定受到处罚的企业或咨询服务机构，由省级清洁生产综合协调部门和环境保护主管部门、节能主管部门建立信用记录，归集至全国信用信息共享平台，会同其他有关部门和单位实行联合惩戒。

第三十七条 有关部门的工作人员玩忽职守，泄露企业技术和商业秘密，造成企业经济损失的，按照国家相应法律法规予以处罚。

第六章　附　　则

第三十八条　本办法由国家发展和改革委员会和环境保护部负责解释。

第三十九条　各省、自治区、直辖市、计划单列市及新疆生产建设兵团可以依照本办法制定实施细则。

第四十条　本办法自2016年7月1日起施行。原《清洁生产审核暂行办法》（国家发展和改革委员会、国家环境保护总局令　第16号）同时废止。

附件 2 清洁生产审核评估与验收指南

第一章 总 则

第一条 为科学规范推进清洁生产审核工作，保障清洁生产审核质量，指导清洁生产审核评估与验收工作，根据《中华人民共和国清洁生产促进法》和《清洁生产审核办法》（国家发展和改革委员会、环境保护部令 第 38 号），制定本指南。

第二条 本指南所称清洁生产审核评估是指企业基本完成清洁生产无 / 低费方案，在清洁生产中 / 高费方案可行性分析后和中 / 高费方案实施前的时间节点，对企业清洁生产审核报告的规范性、清洁生产审核过程的真实性、清洁生产中 / 高费方案及实施计划的合理性和可行性进行技术审查的过程。

本指南所称清洁生产审核验收是指按照一定程序，在企业实施完成清洁生产中 / 高费方案后，对已实施清洁生产方案的绩效、清洁生产目标的实现情况及企业清洁生产水平进行综合性评定，并做出结论性意见的过程。

第三条 本指南适用于《清洁生产审核办法》第二十条规定的“国家考核的规划、行动计划中明确指出需要开展强制性清洁生产审核工作的企业”和“申请各级清洁生产、节能减排等财政资金的企业”以及从事清洁生产管理活动的部门，其他需要开展清洁生产审核评估与验收的企业可参照本指南执行。

第四条 清洁生产审核评估与验收应坚持科学、公正、规范、客观的原则。

第五条 地方各级环境保护主管部门或节能主管部门组织清洁生产专家或委托相关单位，负责职责范围内的清洁生产审核评估与验收工作。

第二章 清洁生产审核评估

第六条 地市级（县级）环境保护主管部门或节能主管部门按照职责范围提出年度需开展清洁生产审核评估的企业名单及工作进度安排，逐级上报省级环境保护主管部门或节能主管部门确认后书面通知企业。

第七条 需开展清洁生产审核评估的企业应向本地具有管辖权限的环境保护主管部门或节能主管部门提交以下材料：

（一）《清洁生产审核报告》及相应的技术佐证材料；

（二）委托咨询服务机构开展清洁生产审核的企业，应提交《清洁生产审核办法》第十六条中咨询服务机构需具备条件的证明材料；自行开展清洁生产审核的企业应按照《清洁生产审核办法》第十五条、第十六条的要求提供相应技术能力证明材料。

第八条 清洁生产审核评估应包括但不限于以下内容：

（一）清洁生产审核过程是否真实，方法是否合理；清洁生产审核报告是否能如实客观反映企业开展清洁生产审核的基本情况等。

（二）对企业污染物产生水平、排放浓度和总量，能耗、物耗水平，有毒有害物质的使用和排放情况是否进行客观、科学的评价；清洁生产审核重点的选择是否反映了能源、资源消耗、废物产生和污染物排放方面存在的主要问题；清洁生产目标设置是否合理、科学、规范；企业清洁生产管理水平是否得到改善。

（三）提出的清洁生产中/高费方案是否科学、有效，可行性是否论证全面，选定的清洁生产方案是否能支撑清洁生产目标的实现。对"双超"和"高耗能"企业通过实施清洁生产方案的效果进行论证，说明能否使企业在规定的期限内实现污染物减排目标和节能目标；对"双有"企业实施清洁生产方案的效果进行论证，说明其能否替代或削减其有毒有害原辅材料的使用和有毒有害污染物的排放。

第九条 本地具有管辖权限的环境保护主管部门或节能主管部门组织专家或委托相关单位成立评估专家组，各专家可采取电话函件征询、现场考察、质询等方式审阅企业提交的有关材料，最后专家组召开集体会议，参照《清洁生产审核评估评分表》（见附表1）打分界定评估结果并出具技术审查意见。

第十条 清洁生产审核评估结果实施分级管理，总分低于70分的企业视为审核技术质量不符合要求，应重新开展清洁生产审核工作；总分为70～90分的企业，需按专家意见补充审核工作，完善审核报告，上报主管部门审查后，方

可继续实施中 / 高费方案；总分高于 90 分的企业，可依据方案实施计划推进中 / 高费方案的实施。

技术审查意见参照《清洁生产审核评估技术审查意见样表》（见附表 3）内容进行评述，提出清洁生产审核中尚存的问题，对清洁生产中 / 高费方案的可行性给出意见。

第十一条 本地具有管辖权限的环境保护主管部门或节能主管部门负责将评估结果及技术审查意见反馈给企业，企业需在清洁生产审核过程中予以落实。

第三章 清洁生产审核验收

第十二条 地方各级环境保护主管部门或节能主管部门应督促企业实施完成清洁生产中 / 高费方案并及时开展清洁生产审核验收工作。

第十三条 需开展清洁生产审核验收的企业应将验收材料提交至负责验收的环境保护主管部门或节能主管部门，主要包括：

（一）《清洁生产审核评估技术审查意见》；

（二）《清洁生产审核验收报告》；

（三）清洁生产方案实施前、后企业自行监测或委托有相关资质的监测机构提供的污染物排放、能源消耗等监测报告。

第十四条 《清洁生产审核验收报告》应由企业或委托咨询服务机构完成，其内容应当包括但不限于以下方面：（1）企业基本情况；（2）《清洁生产审核评估技术审查意见》的落实情况；（3）清洁生产中 / 高费方案完成情况及环境、经济效益汇总；（4）清洁生产目标实现情况及所达到的清洁生产水平；（5）持续开展清洁生产工作机制建设及运行情况。

第十五条 负责清洁生产审核验收的环境保护主管部门或节能主管部门组织专家或委托相关单位成立验收专家组，开展现场验收。现场验收程序包括听取汇报、材料审查、现场核实、质询交流、形成验收意见等。

第十六条 清洁生产审核验收内容包括但不限于以下内容：

（一）核实清洁生产绩效：企业实施清洁生产方案后，对是否实现清洁生产审核时设定的预期污染物减排目标和节能目标，是否落实有毒有害物质减量、减排指标进行评估；查证清洁生产中 / 高费方案的实际运行效果及对企业实施清洁生产方案前后的环境、经济效益进行评估；

（二）确定清洁生产水平：已经发布清洁生产评价指标体系的行业，利用评价指标体系评定企业在行业内的清洁生产水平；未发布清洁生产评价指标体系的行业，可以参照行业统计数据评定企业在行业内的清洁生产水平定位或根据企业近三年历史数据进行纵向对比说明企业清洁生产水平改进情况。

第十七条　清洁生产审核验收结果分为“合格”和“不合格”两种。依据《清洁生产审核验收评分表》（见附表 2）综合得分达到 60 分及以上的企业，其验收结果为“合格”。存在但不限于下列情况之一的，清洁生产审核验收不合格：

（一）企业在方案实施过程中存在弄虚作假行为；

（二）企业污染物排放未达标或污染物排放总量、单位产品能耗超过规定限额的；

（三）企业不符合国家或地方制定的生产工艺、设备以及产品的产业政策要求；

（四）达不到相关行业清洁生产评价指标体系三级水平（国内清洁生产一般水平）或同行业基本水平的；

（五）企业在清洁生产审核开始至验收期间，发生节能环保违法违规行为或未完成限期整改任务；

（六）其他地方规定的相关否定内容。

第十八条　地市级（县级）环境保护主管部门或节能主管部门应及时将验收“合格”与“不合格”企业名单报送省级主管部门，由省级主管部门以文件形式或在其官方网站向社会公布，对于验收“不合格”的企业，要求其重新开展清洁生产审核。

第四章　监督和管理

第十九条　生态环境部、国家发展改革委负责对全国的清洁生产审核评估与验收工作进行监督管理，并委托相关技术支持单位定期对全国清洁生产审核评估与验收工作情况及评估验收机构进行抽查。

第二十条 省级环境保护主管部门、节能主管部门每年按要求将本行政区域开展清洁生产审核评估与验收工作情况报送生态环境部、国家发展改革委。

第二十一条 清洁生产审核评估与验收工作经费及培训经费由组织评估与验收的部门提出年度经费安排，报请地方财政部门纳入预算予以保障，承担评估与验收工作的部门或者专家不得向被评估与验收企业及咨询服务机构收取费用。

第二十二条 评估与验收的专家组成员应从国家或地方清洁生产专家库中选取，由熟悉行业、清洁生产及节能环保的专家组成，且具有高级职称或十年以上从业经验的中级职称，专家组成员不得少于 3 人。参加评估或验收的专家如与企业或清洁生产审核咨询服务机构存在利益关系的，应当主动回避。

第二十三条 评估与验收组织部门应定期对专家进行培训，统一清洁生产审核评估与验收尺度，承担评估与验收工作的部门及专家应对评估或验收结论负责。

第五章 附 则

第二十四条 本指南引用的有关文件，如有修订，按最新文件执行。

第二十五条 各省、自治区、直辖市、计划单列市及新疆生产建设兵团有关主管部门可以依照本指南制定适合本区域的实施细则。

第二十六条 本指南由生态环境部、国家发展改革委负责解释，自印发之日起施行。

附表 1：清洁生产审核评估评分表

附表 2：清洁生产审核验收评分表

附表 3：清洁生产审核评估技术审查意见样表

附表 4：清洁生产审核验收意见样表

附表 1

清洁生产审核评估评分表

企业名称:________________________　　　　年　月　日

序号	指标内容	要求	分值	得分
一、清洁生产审核报告规范性评估				
1	报告内容框架符合性	清洁生产审核报告符合《清洁生产审核指南制订技术导则》中附录 E 的规定	3	
2	报告编写逻辑性	体现了清洁生产审核发现问题、分析问题、解决问题的思路和逻辑性	7	
二、清洁生产审核过程真实性评估				
1	审核准备	企业高层领导支持并参与	2	
		建立了清洁生产审核小组，制订了审核计划	1	
		广泛宣传教育，实现全员参与	1	
2	现状调查情况	企业概况、生产状况、工艺设备、资源能源、环境保护状况、管理状况等情况内容齐全，数据翔实	4	
		工艺流程图能够体现主要原辅物料、水、能源及废物的流入、流出和去向，并进行了全面合理的介绍和分析	3	
		对主要原辅材料、水和能源的总耗和单耗进行了分析，并根据清洁生产评价指标体系或同行业水平进行客观评价	4	
3	企业问题分析情况	能够从原辅材料（含能源）、技术工艺、设备、过程控制、管理、员工、产品、废物等八个方面全面合理地分析和评价企业的产排污现状、水平和存在的问题	3	
		客观说明纳入强制性审核的原因，污染物超标或超总量情况，有毒有害物质的使用和排放情况	2	
		能够分析并发现企业现存的主要问题和清洁生产潜力	3	

续表

序号	指标内容	要求	分值	得分
4	审核重点设置情况	能够将污染物超标、能耗超标或有毒有害物质使用或排放环节作为必要考虑因素	4	
		能够着重考虑消耗大、公众压力大和有明显清洁生产潜力的环节	2	
5	清洁生产目标设置情况	能够针对审核重点，具有定量化、可操作性，时限明确	4	
		如是“双超”企业，其清洁生产目标设置能使企业在规定的期限内达到国家或地方污染物排放标准、核定的主要污染物总量控制指标、污染物减排指标；如是“高耗能”企业，其清洁生产目标设置能使企业在规定的期限内达到单位产品能源消耗限额标准；如是“双有”企业，其清洁生产目标设置能体现企业有毒有害物质减量或减排要求	4	
		对于生产工艺与装备、资源能源利用指标、产品指标、污染物产生指标、废物回收利用指标及环境管理要求指标设置至少达到行业清洁生产评价指标三级基准值的目标	3	
6	审核重点资料的准备情况	能涵盖审核重点的工艺资料、原材料和产品及生产管理资料、废弃物资料、同行业资料和现场调查数据等	3	
		审核重点的详细工艺流程图或工艺设备流程图符合实际流程	3	
7	审核重点输入 / 输出物流实测情况	准备工作完善，监测项目、监测点、监测时间和周期等明确，监测方法符合相关要求，监测数据翔实可信	4	
8	审核重点物料平衡分析情况	准确建立了重点物料、能源、水和污染因子等平衡图，针对平衡结果进行了系统的追踪分析，阐述清晰	6	
9	审核重点废弃物产生原因分析情况	结合企业的实际情况，能从影响生产过程的八个方面深入分析，找出审核重点物料流失或资源、能源浪费、污染物产生的环节，分析物料流失和资源浪费原因，提出解决方案	6	

续表

序号	指标内容	要求	分值	得分
三、清洁生产方案可行性的评估				
1	无 / 低费方案的实施	无 / 低费方案能够遵循边审核边产生边实施原则基本完成，并能够现场举证，如落实措施、制度、照片、资金使用账目等可查证资料	3	
		对实施的无 / 低费方案进行了全面、有效的经济和环境效益的统计	3	
2	中 / 高费方案的产生	中 / 高费方案针对性强，与清洁生产目标一致，能解决企业清洁生产审核的关键问题	6	
3	中 / 高费方案的可行性分析	中 / 高费方案具备翔实的环境、技术、经济分析	6	
		所有量化数据有统计依据和计算过程，数据真实可靠	6	
4	中 / 高费方案的实施计划	有详细合理的统筹规划，实施进度明确，落实到部门	2	
		具有切实的资金筹措计划，并能确保资金到位	2	
总 分			100	

专家签名：　　　　　　时间：　　　年　　月　　日

附表 2

清洁生产审核验收评分表

企业名称：________________________ 年 月 日

清洁生产审核验收关键指标			
序号	内 容	是	否
1	企业在方案实施过程中无弄虚作假行为		
2	企业稳定达到国家或地方要求的污染物排放标准，实现核定的主要污染物总量控制指标或污染物减排指标要求		
3	企业单位产品能源消耗符合限额标准要求		
4	已达到相关行业清洁生产评价指标体系三级水平（国内清洁生产一般水平）或同行业基本水平		
5	符合国家或地方制定的生产工艺、设备以及产品的产业政策要求		
6	清洁生产审核开始至验收期间，未发生节能环保违法违规行为或已完成违法违规的限期整改任务		
7	无其他地方规定的相关否定内容		
清洁生产审核与实施方案评价		分值	得分
清洁生产验收报告	提交的验收资料齐全、真实	3	
	报告编制规范，内容全面，附件齐全	3	
	如实反映审核评估后企业推进清洁生产和中 / 高费方案实施情况	4	
方案实施及相关证明材料	本轮清洁生产方案基本实施	5	
	清洁生产无 / 低费方案已纳入企业正常的生产过程和管理过程	4	
	中 / 高费方案实施绩效达到预期目标	4	
	中 / 高费方案未达到预期目标时，进行了原因分析，并采取了相应对策	4	
	未实施的中 / 高费方案理由充足，或有相应的替代方案	5	

续表

清洁生产审核与实施方案评价		分值	得分
方案实施及相关证明材料	方案实施前后企业物料消耗、能源消耗变化等资料符合企业生产实际	4	
	方案实施后特征污染物环境监测数据或能耗监测数据达标	4	
	设备购销合同、财务台账或设备领用单等信息与企业实施方案一致	4	
	生产记录、财务数据、环境监测结果支持方案实施的绩效结果	5	
	经济和环境绩效进行了翔实统计和测算，绩效的统计有可靠充足的依据	8	
企业清洁生产水平评估	方案实施后能耗、物耗、污染因子等指标认定和等级定位（与国内外同行业先进指标对比），以及企业清洁生产水平评估正确	6	
清洁生产绩效	按照行业清洁生产评价指标要求对生产工艺与装备、资源能源利用、产品、污染物产生、废物回收利用、环境管理等指标进行清洁生产审核前后的测算、对比，评估绩效	10	
现场考察	企业生产现场不存在明显的跑冒滴漏现象	3	
	中 / 高费方案实施现场与提供资料内容相符合	6	
	中 / 高费方案运行正常	6	
	无 / 低费方案持续运行	6	
持续清洁生产情况	企业审核临时工作机构转化为企业长期持续推进清洁生产的常设机构，并有企业相关文件给予证明	2	
	健全了企业清洁生产管理制度，相关方案落实到管理规程、操作规程、作业文件、工艺卡片中，融入企业现有管理体系	2	
	制订了持续清洁生产计划，有针对性，并切实可行	2	
总　分		100	
验收结论：合格（　　）　　不合格（　　）			

注：关键指标 7 条否决指标中任何 1 条为“否”时，则验收不合格。

专家签名：　　　　　　时间：　　　　年　　月　　日

附表 3

清洁生产审核评估技术审查意见样表

<table>
<tr><td>企业名称</td><td colspan="3"></td></tr>
<tr><td>企业联系人</td><td></td><td>联系电话</td><td></td></tr>
<tr><td>评估时间</td><td colspan="3"></td></tr>
<tr><td>组织单位</td><td colspan="3"></td></tr>
<tr><td>清洁生产咨询服务机构</td><td colspan="3"></td></tr>
<tr><td colspan="4">评估技术审查意见</td></tr>
<tr><td colspan="4">一、总体评价
1. 企业概况（企业领导重视程度、培训教育工作机制、企业合规性及清洁生产潜力分析是否到位）
2. 对审核重点、目标确定结果及审核重点物料平衡分析的技术评估结果
3. 对无 / 低费方案质量、数量、实施情况及绩效的核查结果
4. 从方案的科学合理和针对性角度对拟实施中 / 高费方案进行评估（“双超”企业达标性方案、“高耗能”企业节能方案和“双有”企业的减量或替代方案）
5. 对本次审核过程的规范性、针对性、有效性给出技术评估结果
二、对企业规范审核过程，不断深化审核，完善清洁生产审核报告以及进行整改的技术意见

专家组组长（签名）：
年　月　日</td></tr>
</table>

附表 4

清洁生产审核验收意见样表

<table>
<tr><td>企业名称</td><td colspan="3"></td></tr>
<tr><td>企业联系人</td><td></td><td>联系电话</td><td></td></tr>
<tr><td>验收时间</td><td colspan="3"></td></tr>
<tr><td>组织单位</td><td colspan="3"></td></tr>
<tr><td colspan="4">验收意见</td></tr>
<tr><td colspan="4">一、清洁生产审核验收总体评价
1. 对企业提交审核验收资料规范性评价
2. 对审核评估后进行的清洁生产完善工作的核查结果
3. 现场核查情况
4. 无 / 低费方案是否纳入正常生产管理
5. 中 / 高费方案实施情况及绩效（已实施的方案数，企业投入以及产生环境效益、经济效益以及其他方面的成效等）
6. 对照清洁生产评价指标体系评价企业达到清洁生产的等级和水平
7. 对企业本次审核的验收结论
二、强化企业清洁生产监督，持续清洁生产的管理意见

专家组组长（签名）：
年　　月　　日</td></tr>
</table>

附件 3　关于深入推进重点行业清洁生产审核工作的通知

为贯彻落实《中华人民共和国清洁生产促进法》《中共中央　国务院关于全面加强生态环境保护　坚决打好污染防治攻坚战的意见》和《关于构建现代环境治理体系的指导意见》的要求，进一步强化清洁生产审核在重点行业节能减排和产业升级改造中的支撑作用，促进形成绿色发展方式，推动经济高质量发展，现就深入推进重点行业清洁生产审核工作的有关要求通知如下。

一、充分认识新形势下推进清洁生产审核的重要意义

近年来，地方各级政府按照党中央、国务院部署要求，积极推进清洁生产审核工作，不断提高重点行业清洁生产水平，大幅降低污染物排放强度和能耗，在助力打赢污染防治攻坚战、促进产业改造升级等方面取得了显著成效。实践表明，清洁生产审核是推动清洁生产工作的有效手段，是践行绿色发展理念的重要途径，对从源头上减少或消除污染、提升生态环境质量具有积极意义。地方各级负责清洁生产审核工作的部门要从贯彻落实习近平生态文明思想、加强生态文明建设的战略高度，充分认识开展清洁生产审核工作的重要意义，切实履职尽责、积极作为，通过深入推进清洁生产审核工作，进一步挖掘企业节能减排潜力，从源头上减少污染排放，实现主要污染物排放总量持续下降，为加快形成绿色生产方式、推动实现高质量发展提供有力支撑。

二、扎实推进重点行业清洁生产审核工作

各省级负责清洁生产审核工作的部门要以《中共中央　国务院关于全面加强生态环境保护　坚决打好污染防治攻坚战的意见》和《关于构建现代环境治理体系的指导意见》为指导，认真落实《中华人民共和国清洁生产促进法》《清洁生产审核办法》有关规定，结合国家和地方节能要求和环境质量改善需求，以能源、冶金、焦化、建材、有色、化工、印染、造纸、原料药、电镀、农副食品加工、工业涂装、包装印刷等行业作为当前实施清洁生产审核的重点（各

地也可根据当地行业实际情况适当补充），全面落实强制性清洁生产审核要求，制定本地区清洁生产审核实施方案（2021—2023年），并组织抓好落实。要把清洁生产审核方案主要内容纳入本地区节能降耗、污染防治等行动计划中，加大对清洁生产审核工作情况的日常监督和检查力度，开展清洁生产水平和绩效整体评估。自2021年起，各省级负责清洁生产审核工作的部门应于每年第一季度末将上年度实施方案落实情况报送生态环境部、国家发展改革委。

三、压实企业实施清洁生产审核的主体责任

按照《中华人民共和国清洁生产促进法》要求必须开展强制性清洁生产审核的企业，应积极主动配合各级负责清洁生产审核工作的部门开展清洁生产审核工作。纳入各地区清洁生产审核范围的企业应提高主动性和责任意识，按照《清洁生产审核办法》相关规定，自主开展或委托有技术能力的第三方咨询服务机构开展审核工作。各地区负责清洁生产审核工作的部门要将企业开展清洁生产审核情况纳入企业环境信用评价体系和环境信息强制性披露范围，对违反《中华人民共和国清洁生产促进法》和《清洁生产审核办法》相关规定并受到处罚的企业，依法依规通过"信用中国"网站等渠道向社会公布，并记入其信用记录。

四、积极推进清洁生产审核模式创新

各地区负责清洁生产审核工作的部门要根据企业的生产工艺情况、技术装备水平、能源资源消耗状况和环境影响程度的不同，探索实施差别化清洁生产审核；积极探索行业、工业园区和企业集群整体审核模式，提升行业、工业园区和企业集群整体清洁生产水平，有条件的地区可开展政府购买第三方清洁生产审核服务试点；探索清洁生产审核制度与排污许可制度相衔接的模式，将排污许可证申领、登记与实施情况纳入审核内容，以清洁生产审核支撑排污许可证科学核发，促进排污许可规范实施与常态管理；鼓励《中华人民共和国清洁生产促进法》第二十七条第二款规定以外的企业，与当地清洁生产综合协调部门和生态环境部门自愿签订进一步节约资源、削减污染物排放量的协议。

五、健全技术与服务支撑体系

各省级生态环境部门、发展改革部门会同有关部门要进一步完善技术咨询服务体系，为清洁生产审核提供专业支撑。要建立清洁生产专家库，明确专家入库条件，实行记分考核、动态管理，确保公平公正，科学规范。有条件的地区可根据需要制定地方行业清洁生产评价指标体系、技术导向目录、审核指南和案例汇编等。鼓励各地区充分发挥清洁生产学会、协会等团体机构作用，广泛开展技术研讨交流，推动清洁生产审核方法创新，开发简捷有效的清洁生产审核工具，提高清洁生产审核实效。各地区应注重培训工作，制定年度培训计划，对专家、咨询机构、企业，以及县级以上相关部门清洁生产管理人员开展有针对性的培训，提升清洁生产管理能力和技术水平。

六、强化资金保障与政策支持

各地区要按照《中华人民共和国清洁生产促进法》要求，将清洁生产审核工作经费纳入本级年度财政预算，对从事清洁生产研究、示范和培训，实施国家清洁生产重点技术改造项目和自愿节约资源、削减污染物排放量协议中载明的技术改造项目，给予资金和政策支持。企业用于清洁生产审核和培训的费用，可以列入企业经营成本。对达到国际清洁生产领先水平的企业，在政府绿色采购、企业信贷融资等方面给予优先支持，纳入监督执法正面清单。达标企业通过清洁生产技术升级改造实现的主要污染物排放稳定削减量、节能量，在完成主要污染物减排、节能任务的基础上，可按相关规定将富余指标进入排污权、用能权交易市场进行交易，或用于企业自身发展所需的产能扩容及新产品新增产量所需的污染物排放指标。

七、推进清洁生产信息系统建设

各省级生态环境部门、发展改革部门会同有关部门要组织和支持建立清洁生产信息系统，向社会提供有关清洁生产方法和技术、可再生利用的废物供求以及清洁生产政策等方面的信息和服务。同时，对本地区企业清洁生产审核完成及质量情况、评估与验收情况、清洁生产方案实施情况和绩效统计等信息进行动态管理和实时查询，实现对本地区清洁生产审核企业、评估验收专家、清洁生产审核咨询机构和人员的信息化管理。

八、加大宣传引导力度

各地区要组织开展多层次、多元化的宣传教育活动，充分利用各类媒体、公益组织、行业协会等广泛宣传清洁生产法律法规、政策规范、管理制度和典型案例等，开展经验交流和技术推广，提升政府管理人员、企业经营管理者和社会公众的清洁生产意识。

附件 4　工业绿色发展规划（2016—2020 年）

为落实《国民经济和社会发展第十三个五年规划纲要》和《中国制造 2025》战略部署，加快推进生态文明建设，促进工业绿色发展，制定本规划。

一、面临的形势

“十二五”时期，工业领域坚持把发展资源节约型、环境友好型工业作为转型升级的重要着力点，把节能减排作为转方式、调结构的重要抓手，大力推进技术改造，推广节能环保新技术、新装备和新产品，逐步完善节能减排工作体系，圆满完成“十二五”目标任务。工业能效和水效大幅提升，规模以上企业单位工业增加值能耗累计下降 28%，实现节能量 6.9 亿吨标准煤，单位工业增加值用水量累计下降 35%，提前一年完成“十二五”淘汰落后产能任务。工业清洁生产先进适用工艺技术大范围示范推广，开展有毒有害原料替代，工业产品绿色设计推进机制初步建立。工业资源综合利用产业规模稳步壮大，技术装备水平不断提高，五年利用大宗工业固体废物约 70 亿吨、再生资源 12 亿吨。节能环保产业快速增长，2015 年节能环保装备、资源综合利用、节能服务等节能环保产业产值约 4 万亿元。

未来五年，是落实制造强国战略的关键时期，是实现工业绿色发展的攻坚阶段。资源与环境问题是人类面临的共同挑战，推动绿色增长、实施绿色新政是全球主要经济体的共同选择，资源能源利用效率也成为衡量国家制造业竞争力的重要因素，推进绿色发展是提升国际竞争力的必然途径。我国工业总体上尚未摆脱高投入、高消耗、高排放的发展方式，资源能源消耗量大，生态环境问题比较突出，形势依然十分严峻，迫切需要加快构建科技含量高、资源消耗低、环境污染少的绿色制造体系。加快推进工业绿色发展，也是推进供给侧结构性改革、促进工业稳增长调结构的重要举措，有利于推进节能降耗、实现降本增效，有利于增加绿色产品和服务有效供给、补齐绿色发展短板。

二、总体要求

（一）指导思想

贯彻落实党的十八大及十八届三中、四中、五中全会精神，牢固树立创新、协调、绿色、开放、共享的发展理念，全面落实制造强国战略，坚持节约资源和保护环境基本国策，高举绿色发展大旗，紧紧围绕资源能源利用效率和清洁生产水平提升，以传统工业绿色化改造为重点，以绿色科技创新为支撑，以法规标准制度建设为保障，实施绿色制造工程，加快构建绿色制造体系，大力发展绿色制造产业，推动绿色产品、绿色工厂、绿色园区和绿色供应链全面发展，建立健全工业绿色发展长效机制，提高绿色国际竞争力，走高效、清洁、低碳、循环的绿色发展道路，推动工业文明与生态文明和谐共融，实现人与自然和谐相处。

（二）基本原则

创新驱动，标准引领。促进工业绿色发展科技创新、管理创新和商业模式创新，研发推广核心关键绿色工艺技术及装备。加快完善工业能效、水效、排放和资源综合利用等标准，依法实施绿色监管，引导绿色消费。

政策引导，市场推动。发挥政府在推进工业绿色发展中的引导作用，优化工业结构和区域布局，加强机制创新，形成有效的激励约束机制。强化企业在推进工业绿色发展中的主体地位，激发企业活力和创造力，积极履行社会责任。

改造存量，优化增量。加快传统制造业绿色改造升级，鼓励使用绿色低碳能源，提高资源利用效率，淘汰落后设备工艺，从源头减少污染物产生。积极引领新兴产业高起点绿色发展，强化绿色设计，加快开发绿色产品，大力发展节能环保产业。

全面推进，重点突破。着力解决重点行业、企业和区域发展中的资源环境问题，充分发挥试点示范的带动作用。积极推进新兴产业和中小企业的绿色发展，加快工业绿色发展整体水平提升。

（三）发展目标

到2020年，绿色发展理念成为工业全领域全过程的普遍要求，工业绿色发展推进机制基本形成，绿色制造产业成为经济增长新引擎和国际竞争新优势，工业绿色发展整体水平显著提升。

——能源利用效率显著提升。工业能源消耗增速减缓，六大高耗能行业占工业增加值比重继续下降，部分重化工业能源消耗出现拐点，主要行业单位产品能耗达到或接近世界先进水平，部分工业行业碳排放量接近峰值，绿色低碳能源占工业能源消费量的比重明显提高。

——资源利用水平明显提高。单位工业增加值用水量进一步下降，大宗工业固体废物综合利用率进一步提高，主要再生资源回收利用率稳步上升。

——清洁生产水平大幅提升。先进适用清洁生产技术工艺及装备基本普及，钢铁、水泥、造纸等重点行业清洁生产水平显著提高，工业二氧化硫、氮氧化物、化学需氧量和氨氮排放量明显下降，高风险污染物排放大幅削减。

——绿色制造产业快速发展。绿色产品大幅增长，电动汽车及太阳能、风电等新能源技术装备制造水平显著提升，节能环保装备、产品与服务等绿色产业形成新的经济增长点。

——绿色制造体系初步建立。绿色制造标准体系基本建立，绿色设计与评价得到广泛应用，建立百家绿色示范园区和千家绿色示范工厂，推广普及万种绿色产品，主要产业初步形成绿色供应链。

专栏 1 “十三五”时期工业绿色发展主要指标			
指 标	2015 年	2020 年	累计降速
（1）规模以上企业单位工业增加值能耗下降（%）	—	—	18
吨钢综合能耗（千克标准煤）	572	560	
水泥熟料综合能耗（千克标准煤 / 吨）	112	105	
电解铝液交流电耗（千瓦 · 时 / 吨）	13 350	13 200	
炼油综合能耗（千克标准油 / 吨）	65	63	
乙烯综合能耗（千克标准煤 / 吨）	816	790	
合成氨综合能耗（千克标准煤 / 吨）	1 331	1 300	
纸及纸板综合能耗（千克标准煤 / 吨）	530	480	
（2）单位工业增加值二氧化碳排放下降（%）	—	—	22
（3）单位工业增加值用水量下降（%）	—	—	23
（4）重点行业主要污染物排放强度下降（%）	—	—	20
（5）工业固体废物综合利用率（%）	65	73	
其中：尾矿（%）	22	25	
煤矸石（%）	68	71	
工业副产石膏（%）	47	60	
钢铁冶炼渣（%）	79	95	
赤泥（%）	4	10	
（6）主要再生资源回收利用量（亿吨）	2.2	3.5	
其中：再生有色金属（万吨）	1 235	1 800	
废钢铁（万吨）	8 330	15 000	
废弃电器电子产品（亿台）	4	6.9	
废塑料（国内）（万吨）	1 800	2 300	
废旧轮胎（万吨）	550	850	
（7）绿色低碳能源占工业能源消费量比重（%）	12	15	
（8）六大高耗能行业占工业增加值比重（%）	27.8	25	
（9）绿色制造产业产值（万亿元）	5.3	10	
注：本专栏均为指导性指标，大多为全国平均值，各地区可结合实际设置目标。			

三、主要任务

（一）大力推进能效提升，加快实现节约发展

坚持节约优先，大力推进能源消费革命，提高工业能源利用效率，促进企业降本增效，加快形成绿色集约化生产方式，增强制造业核心竞争力。

以供给侧结构性改革为导向，推进结构节能。把优化工业结构和能源消费结构作为新时期推进工业节能的重要途径，加强节能评估审查和后评价，进一步提高能耗、环保等准入门槛，严格控制高耗能行业产能扩张。以钢铁、石化、建材、有色金属等行业为重点，积极运用环保、能耗、技术、工艺、质量、安全等标准，依法淘汰落后和化解过剩产能。加快发展能耗低、污染少的先进制造业和战略性新兴产业，促进生产型制造向服务型制造转变。大力调整产品结构，积极开发高附加值、低消耗、低排放产品。大力推进工业能源消费结构绿色低碳转型，鼓励企业开发利用可再生能源，加快工业企业分布式能源中心建设，在具备条件的工业园区或企业实施煤改气或可再生能源替代化石能源，推广绿色照明。实施煤炭清洁高效利用行动计划，在焦化、煤化工、工业锅炉、窑炉等重点用煤领域，推进煤炭清洁、高效、分质利用。

以先进适用技术装备应用为手段，强化技术节能。全面推进传统行业节能技术改造，深入推进重点行业、重点企业能效提升专项行动，加快推广高温高压干熄焦、无球化粉磨、新型结构铝电解槽、智能控制等先进技术。继续推进锅炉、电机、变压器等通用设备能效提升工程，组织实施空压机系统能效提升计划。围绕高耗能行业企业，加快工艺革新，实施系统节能改造，鼓励先进节能技术的集成优化运用，推广电炉钢等短流程工艺和铝液直供，推动工业节能从局部、单体节能向全流程、系统节能转变。提升产品的轻量化水平，推广复合材料、轻合金、真空镀铝纸等高强韧度新型材料，推广超高强度钢热冲压成形技术、真空高压铸造、超高真空薄壁铸造等轻量化成形工艺。普及中低品位余热余压发电、供热及循环利用，积极推进利用钢铁、化工等行业企业的低品位余热向城市居民供热，促进产城融合。实施工业园区节能改造工程，加强园

区能源梯级利用，推进集中供热制冷。

以能源管理体系建设为核心，提升管理节能。贯彻强制性能耗标准，在电解铝、水泥行业落实阶梯电价、差别电价等价格政策。推动重点企业能源管理体系建设，将能源管理体系贯穿于企业生产全过程，定期开展能源计量审查、能源审计、能效诊断和对标，发掘节能潜力，构建能效提升长效机制。实施重点行业能效领跑者引领行动，带动行业整体能效提升。围绕中小工业企业节能管理，搭建公共服务平台，组织开展节能服务公司进企业活动，全面提升中小企业能源管理意识和能力。加强工业节能监察，组织开展强制性能耗、能效标准贯标及落后用能设备淘汰等监察，实施重点行业、重点用能企业专项监察和督查，严格执行《节约能源法》和《工业节能管理办法》等法规。进一步完善覆盖全国的省、市、县三级节能监察体系，支持完善硬件设施、开展业务培训，切实履行监察职能。

专栏 2　能效提升工程

重点行业系统改造。钢铁行业实施高温高压干熄焦、烧结烟气循环等技术改造；有色行业实施新型结构铝电解槽、铝液直供、富氧熔炼等技术改造；石化化工行业实施炼化能量系统优化、烯烃原料轻质化、先进煤气化、硝酸生产技术提升等技术改造；水泥行业实施高固气比熟料煅烧、大推力多通道燃烧等技术改造；造纸行业实施纸机高效成型、高效双盘磨浆机等技术改造；纺织行业实施小浴比染色、氨纶单甬道 64 头纺丝等技术改造。

高耗能通用设备改造。在电机系统实施永磁同步伺服电机、高压变频调速等技术改造。在配电变压器系统实施非晶合金变压器、有载调容调压等技术改造。推广应用新型电力电子器件等信息技术。实施工程机械、农机、内河船舶用柴油机能效提升改造。到 2020 年，电机和内燃机系统平均运行效率提高 5 个百分点，高效配电变压器在网运行比例提高 20%。

余热余压高效回收利用。在自备电厂实施烟气系统余热深度回收利用、超临界混合工质高参数一体化循环发电等技术改造。推广矿热炉高温烟气净化回收利用、冶金余热余压能量回收同轴机组应用、螺杆膨胀动力驱动等技术。到 2020 年，中低品位余热余压利用率达到 80%。

煤炭清洁高效利用。焦化、煤化工行业重点推动产品结构优化，加大资源加工转化深度，推广整体煤气联合循环发电技术（IGCC）、焦炉煤气制合成氨、甲醇或天然气及煤粉气流床加压气化等技术。工业锅炉优先实施高效节能技术改造或清洁能源替代。工业窑炉重点推进全（富）氧燃烧、蓄热式燃烧、燃料替代及余热利用等技术改造。

园区系统节能改造。开展风能、太阳能等分布式能源和园区智能微电网建设，提高园区可再生能源使用比例。实施园区绿色照明改造，建设园区能源管理中心，加强园区余热余压梯级利用，推广集中供热和制冷。

能效领跑者引领行动。在重点用能行业实施能效领跑者行动，开展企业能效对标达标，定期发布领跑企业名单及其指标，引导企业实施节能技术改造。发布《节能机电设备（产品）推荐目录》和《能效之星产品目录》。

（二）扎实推进清洁生产，大幅减少污染排放

围绕重点污染物开展清洁生产技术改造，推广绿色基础制造工艺，降低污染物排放强度，促进大气、水、土壤污染防治行动计划落实。

减少有毒有害原料使用。修订国家鼓励的有毒有害原料替代目录，引导企业在生产过程中使用无毒无害或低毒低害原料，从源头削减或避免污染物的产生，推进有毒有害物质替代。推进电器电子、汽车等重点产品有毒有害物质限制使用。继续实施高风险污染物削减行动计划，强化汞、铅、高毒农药等减量替代，逐步扩大实施范围，降低环境风险。实施挥发性有机物削减计划，在涂料、家具、印刷、汽车制造涂装、橡胶制品、制鞋等重点行业推广替代或减量化技术。推广无铬耐火材料。

推进清洁生产技术改造。针对二氧化硫、氮氧化物、化学需氧量、氨氮、烟（粉）尘等主要污染物，积极引导重点行业企业实施清洁生产技术改造，逐步建立基于技术进步的清洁生产高效推行模式。在京津冀、长三角、珠三角、东北地区等重点区域组织实施钢铁、建材等重点行业清洁生产水平提升工程，降低二氧化硫、氮氧化物、烟（粉）尘排放强度。在长江、黄河等七大流域组织实施重点行业清洁生产水平提升工程，降低造纸、化工、印染、化学原料药、电镀等行业废水排放总量及化学需氧量、氨氮等污染物排放强度。推进工业领域土壤污染源头防治，推广先进适用的土壤修复技术装备和产品。

加强节水减污。围绕钢铁、化工、造纸、印染、饮料等高耗水行业，实施用水企业水效领跑者引领行动，开展水平衡测试及水效对标达标，大力推进节水技术改造，推广工业节水工艺、技术和装备。强化高耗水行业企业生产过程和工序用水管理，严格执行取水定额国家标准，围绕高耗水行业和缺水地区开展工业节水专项行动，提高工业用水效率。推进水资源循环利用和工业废水处理回用，推广特许经营、委托营运等专业化节水模式，推动工业园区集约利用水资源，实行水资源梯级优化利用和废水集中处理回用。推进中水、再生水、海水等非常规水资源的开发利用，支持非常规水资源利用产业化示范工程，推动钢铁、火电等企业充分利用城市中水，支持有条件的园区、企业开展雨水集蓄利用。

推广绿色基础制造工艺。推广清洁高效制造工艺，以铸造、热处理、焊接、涂镀等领域为重点，推广应用合金钢无氧化清洁热处理、热处理气氛减量化、真空低压渗碳热处理、感应热处理等高效节能热处理工艺，无铅波峰焊接抗氧化、氮气保护无铅再流焊接、高效节材摩擦焊等焊接工艺，绿色化除油、无铅电镀、三价铬电镀、电镀铬替代等清洁涂镀技术，减少制造过程的能源消耗和污染物排放。推进短流程、无废弃物制造，重点发展近净成形、数字化无模铸造、增材制造、新型防腐蚀等短流程绿色节材工艺技术，以及干式切削加工、低温微量润滑切削加工、铸件余热时效热处理等无废弃物制造技术，减少生产过程的资源消耗。

专栏 3　绿色清洁生产推进工程

重点区域清洁生产水平提升行动。在京津冀、长三角、珠三角等重点区域实施大气污染重点行业清洁生产水平提升行动。到 2020 年，全国工业削减烟（粉）尘 100 万吨 / 年、二氧化硫 50 万吨 / 年、氮氧化物 180 万吨 / 年。

重点流域清洁生产水平提升行动。在长江、黄河、珠江、松花江、淮河、海河、辽河等重点流域实施水污染重点行业清洁生产水平提升行动。到 2020 年，全国工业削减废水 4 亿吨 / 年、化学需氧量 50 万吨 / 年、氨氮 5 万吨 / 年。

特征污染物削减计划。以挥发性有机物、持久性有机物、重金属等污染物削减为目标，围绕重点行业、重点领域实施工业特征污染物削减计划。到 2020 年，削减汞使用量 280 吨 / 年，减排总铬 15 吨 / 年、总铅 15 吨 / 年、砷 10 吨 / 年。

绿色基础制造工艺推广行动。重点推广绿色的铸造、锻压、焊接、切削、热处理、表面处理等基础制造工艺技术与装备。到 2020 年，铸件废品率降低 10%，锻造材料利用率提高 10%，切削材料利用率提升 10%，电镀和涂装行业减少污染物排放 30% 以上。

中小企业清洁生产推行计划。提升中小企业清洁生产技术研发应用水平，开展政府购买清洁生产服务试点，实施中小企业清洁生产培训计划。继续实施粤港清洁生产伙伴计划，在其他地区推广示范。

工业节水专项行动。围绕钢铁、纺织印染、造纸、石化化工、食品发酵等重点行业实施节水治污改造工程，实施用水企业水效领跑者引领行动，推进节水技术改造，在缺水地区实施工业节水专项行动，加强非常规水资源利用。

（三）加强资源综合利用，持续推动循环发展

按照减量化、再利用、资源化原则，加快建立循环型工业体系，促进企业、园区、行业、区域间链接共生和协同利用，大幅提高资源利用效率。

大力推进工业固体废物综合利用。以高值化、规模化、集约化利用为重点，围绕尾矿、废石、煤矸石、粉煤灰、冶炼渣、冶金尘泥、赤泥、工业副产石膏、化工废渣等工业固体废物，推广一批先进适用技术装备，推进深度资源化利用。深入推进承德、朔州、贵阳等资源综合利用基地建设，选择有基础、有潜力、产业集聚和示范效应明显的地区，合理布局，突出特色，加强体制机制和运行管理模式创新，打造完整的工业固体废物综合利用产业链。探索资源综合利用产业区域协同发展新模式，发挥各地优势，推动区域资源综合利用协同发展，实施京津冀地区资源综合利用产业协同发展行动计划，建立若干工业固体废物综合利用跨省界协同发展示范区。

加快推动再生资源高效利用及产业规范发展。围绕废钢铁、废有色金属、废纸、废橡胶、废塑料、废油、废弃电器电子产品、报废汽车、废旧纺织品、废旧动力电池、建筑废弃物等主要再生资源，加快先进适用回收利用技术和装备推广应用。建设一批再生资源产业集聚区，推进再生资源跨区域协同利用，构建区域再生资源回收利用体系。落实生产者责任延伸制度，在电器电子产品、汽车领域等行业开展生产者责任延伸试点示范。促进行业秩序逐步规范，定期发布符合行业规范条件的企业名单，培育再生资源行业骨干企业。

积极发展再制造。围绕传统机电产品、高端装备、在役装备等重点领域，实施高端、智能和在役再制造示范工程，打造若干再制造产业示范区。加强再制造技术研发与推广，研发应用再制造表面工程、疲劳检测与剩余寿命评估、增材制造等关键共性技术工艺，开发自动化高效解体、零部件绿色清洗、再制造产品服役寿命评估、基于监测诊断的个性化设计和在役再制造关键技术。引导再制造企业建立覆盖再制造全流程的产品信息化管理平台，促进再制造规范健康发展。推进产品认定，鼓励再制造产品推广应用。

全面推行循环生产方式。推进钢铁、有色、石化、化工、建材等行业拓展产品制造、能源转换、废弃物处理 - 消纳及再资源化等行业功能，强化行业间横向耦合、生态链接、原料互供、资源共享。因地制宜推进水泥窑协同处置固体废物，鼓励造纸行业利用林业废物及农作物秸秆等制浆。推进各类园区进行循环化改造，实现生产过程耦合和多联产，提高园区资源产出率和综合竞争力。

专栏 4　资源高效循环利用工程
大宗工业固体废物综合利用行动。重点推进冶炼渣及尘泥、化工废渣、尾矿、煤电废渣等综合利用。到 2020 年，大宗工业固体废物综合利用量达到 21 亿吨，磷石膏利用率达到 40%，粉煤灰利用率达到 75%。 再生资源综合利用行动。在废旧金属、废弃电器电子产品、报废汽车、建筑废弃物等领域，重点应用和推广高效破碎、稀贵金属成分快速检测、多金属综合回收利用等重大关键技术装备。到 2020 年，主要再生资源利用率达到 75%。 区域资源综合利用行动。在京津冀及周边、长江经济带、珠三角地区、东北等老工业基地，建立 10 个冶炼渣与矿业废弃物、煤电废弃物、报废机电设备等协同利用示范基地，建设 5 个共伴生钒钛、稀土、盐湖等资源深度利用示范项目。 再制造示范推广。围绕航空发动机、燃气轮机、盾构机等大型成套设备及医疗设备、计算机服务器、复印机、打印机、模具等开展高端智能再制造示范。围绕数控机床、透平压缩机等装备实施在役再制造示范。到 2020 年，再制造产业规模达到 2 000 亿元。

（四）削减温室气体排放，积极促进低碳转型

工业是应对气候变化的重点领域，实现 2030 年碳排放达峰目标，必须在加大工业节能力度的同时，多措并举，推动部分行业、部分园区率先达峰。

推进重点行业低碳转型。结合碳排放重点行业特点，制定重大低碳技术推广实施方案，促进先进适用低碳新技术、新工艺、新设备和新材料的推广应用。研究制定钢铁、建材、有色、化工等重点行业碳排放控制目标和行动方案，提升重点行业碳生产力水平。在重点行业，选择一批减排潜力大、成熟度高、先进适用的重大低碳技术示范推广，促进工业行业碳排放强度下降。

控制工业过程温室气体排放。以减少工业过程二氧化碳、氧化亚氮、氢氟碳化物、全氟化碳、六氟化硫等温室气体排放为目标，以水泥、钢铁、石灰、电石、己二酸、硝酸、化肥、制冷剂生产等为重点，控制工业过程温室气体排放。开展水泥生产原料替代，利用工业固体废物等非碳酸盐原料生产水泥，减少生产过程二氧化碳排放。开展高碳产品替代，引导使用新型低碳水泥替代传统水泥、新型钢铁材料或可再生材料替代传统钢材、有机肥或缓释肥替代传统化肥，减少高碳排放产品消费。

开展工业低碳发展试点示范。继续开展园区试点示范，结合新型工业化产

业示范基地建设，加大低碳工业园区建设力度，制定国家低碳工业园区指南，推进园区碳排放清单编制工作，推动园区企业参与碳排放权交易。开展低碳企业试点示范，引导企业实施低碳发展战略，逐步建立低碳企业评价标准、指标体系和激励约束机制，培育低碳标杆企业，增强企业低碳竞争力。鼓励建材、化工等行业实施碳捕集、利用与封存试点示范，促进二氧化碳资源化利用。

专栏 5　工业低碳发展工程
绿色能源推广行动。控制和削减煤炭消耗总量，提高太阳能、风能、生物质能、水能等可再生能源使用比例。开展工业园区和企业智能微电网试点示范，鼓励智能微电网接入本地区电力需求侧管理平台。 控制工业过程温室气体排放计划。推广电炉炼钢 - 热轧短流程工艺，有色金属冶炼短流程工艺，改进电石、石灰生产工艺，减少生产过程二氧化碳排放。改进化肥、己二酸、硝酸、己内酰胺等生产工艺，减少工业生产过程氧化亚氮的排放。实施高温室效应潜能值气体替代，通过采用合理防护性气体、创新操作工艺、开展替代品研发、改进设备使用等措施，大幅降低工业生产过程含氟气体排放。 工业低碳发展试点示范行动。在钢铁、有色、建材、石化和化工、装备制造等重点行业，开展低碳企业创建试点。在化工、水泥、钢铁等行业实施碳捕集、利用与封存示范，加强二氧化碳在石油开采、塑料制品、食品加工等领域的应用。

（五）提升科技支撑能力，促进绿色创新发展

紧跟科技革命和产业变革的方向，加快绿色科技创新，加大关键共性技术研发力度，增加绿色科技成果的有效供给，发挥科技创新在工业绿色发展中的引领作用。

加快传统产业绿色化改造关键技术研发。围绕钢铁、有色、化工、建材、造纸等行业，以新一代清洁高效可循环生产工艺装备为重点，结合国家科技重大工程、重大科技专项等，突破一批工业绿色转型核心关键技术，研制一批重大装备，支持传统产业技术改造升级。重点支持钢铁行业研发换热式两段焦炉及高效、清洁全废钢电炉冶炼新工艺，有色行业研发超大容量电解槽、连续吹炼等设备与工艺，化工行业研发流化床多晶硅生产、氯化法钛白粉生产、新一代分离膜及膜器等新工艺及装备，水泥行业研发新型低碳、高标号熟料生产工艺，造纸行业研发高速造纸机智能化控制设备、非木浆黑液高浓度提取及蒸发

工艺。

支持绿色制造产业核心技术研发。面向节能环保、新能源装备、新能源汽车等绿色制造产业的技术需求，加强核心关键技术研发，构建支持绿色制造产业发展的技术体系。节能环保产业重点研发煤炭清洁高效利用、朗肯循环等余热高效利用、高耗能行业节能新工艺等节能技术，挥发性有机物在线分析仪、高浓度氨氮废水处理、化工废盐焚烧处理及资源化、污泥高速流体喷射破碎干化等环保技术及装备，以及低品位共伴生矿产资源高效利用、赤泥和电解锰渣资源化利用、钢渣微粉等综合利用技术装备。新能源装备重点研发核心装备部件制造、并网、电网调度和运维管理等关键技术。电动汽车重点推进动力电池、电机、电控等技术研发。

鼓励支撑工业绿色发展的共性技术研发。按照产品全生命周期理念，以提高工业绿色发展技术水平为目标，加大绿色设计技术、环保材料、绿色工艺与装备、废旧产品回收资源化与再制造等领域共性技术研发力度。重点突破产品轻量化、模块化、集成化、智能化等绿色设计共性技术，研发推广高性能、轻量化、绿色环保的新材料，突破废旧金属、废塑料等产品智能分选与高值利用、固体废物精细拆解与清洁再生等关键产业化技术，开展基于全生命周期的绿色评价技术研究。

（六）加快构建绿色制造体系，发展壮大绿色制造产业

强化产品全生命周期绿色管理，支持企业推行绿色设计，开发绿色产品，建设绿色工厂，发展绿色工业园区，打造绿色供应链，全面推进绿色制造体系建设。

开发绿色产品。按照产品全生命周期绿色管理理念，遵循能源资源消耗最低化、生态环境影响最小化、可再生率最大化原则，大力开展绿色设计示范试点，以点带面，加快开发具有无害化、节能、环保、低耗、高可靠性、长寿命和易回收等特性的绿色产品。积极推进绿色产品第三方评价和认证，发布工业绿色产品目录，引导绿色生产，促进绿色消费。建立各方协作机制，开展典型产品评价试点，建立有效的监管机制。

创建绿色工厂。按照厂房集约化、原料无害化、生产洁净化、废物资源化、能源低碳化的原则分类创建绿色工厂。引导企业按照绿色工厂建设标准建造、改造和管理厂房，集约利用厂区。鼓励企业使用清洁原料，对各种物料严格分选、分别堆放，避免污染。优先选用先进的清洁生产技术和高效末端治理装备，推动水、气、固体污染物资源化和无害化利用，降低厂界环境噪声、振动以及污染物排放，营造良好的职业卫生环境。采用电热联供、电热冷联供等技术提高工厂一次能源利用率，设置余热回收系统，有效利用工艺过程和设备产生的余（废）热。提高工厂清洁和可再生能源的使用比例，建设厂区光伏电站、储能系统、智能微电网和能管中心。

发展绿色工业园区。以企业集聚化发展、产业生态链接、服务平台建设为重点，推进绿色工业园区建设。优化工业用地布局和结构，提高土地节约集约利用水平。积极利用余热余压废热资源，推行热电联产、分布式能源及光伏储能一体化系统应用，建设园区智能微电网，提高可再生能源使用比例，实现整个园区能源梯级利用。加强水资源循环利用，推动供水、污水等基础设施绿色化改造，加强污水处理和循环再利用。促进园区内企业之间废物资源的交换利用，在企业、园区之间通过链接共生、原料互供和资源共享，提高资源利用效率。推进资源环境统计监测基础能力建设，发展园区信息、技术、商贸等公共服务平台。

建立绿色供应链。以汽车、电子电器、通信、机械、大型成套装备等行业的龙头企业为依托，以绿色供应链标准和生产者责任延伸制度为支撑，带动上游零部件或元器件供应商和下游回收处理企业，在保证产品质量的同时践行环境保护责任，构建以资源节约、环境友好为导向，涵盖采购、生产、营销、回收、物流等环节的绿色供应链。建立绿色原料及产品可追溯信息系统。

支持企业实施绿色战略、绿色标准、绿色管理和绿色生产，开展绿色企业文化建设，提升品牌绿色竞争力。引导企业建立集资源、能源、环境、安全、职业卫生为一体的绿色管理体系，将绿色管理贯穿于企业研发、设计、采购、生产、营销、服务等全过程，实现生产经营管理全过程绿色化。培育一批具有自主品牌、核心技术能力强的绿色龙头骨干企业，发挥大型企业集团示范带动作用，在绿色发展上先行先试，引导企业建立信息公开制度，定期发布社会责任报告和可持续发展报告。

专栏 6　绿色制造体系创建工程
绿色产品设计示范。推进绿色设计试点示范，开展典型产品绿色设计水平评价试点，培育一批绿色设计示范企业，制定绿色产品标准。到 2020 年，创建百家绿色设计示范企业、百家绿色设计中心，力争开发推广万种绿色产品。 绿色示范工厂创建。制定绿色工厂建设标准和导则，在钢铁、有色、化工、建材、机械、汽车、轻工、纺织、医药、电子信息等重点行业开展试点示范。到 2020 年，创建千家绿色示范工厂。 绿色示范园区创建。选择一批基础条件好、代表性强的工业园区，开展绿色园区创建示范工程。到 2020 年，创建百家示范意义强、综合水平高的绿色园区。 绿色供应链示范。以供应链核心企业为抓手，开展试点示范，实施绿色采购，推行生产者责任延伸制度，在信息通信、汽车、家电、纺织等行业培育百家绿色供应链示范企业。

（七）充分发挥区域比较优势，推进工业绿色协调发展

在区域工业发展中贯彻绿色理念，发挥地区比较优势，加强区域协同，促进区域工业绿色发展。

紧扣主体功能定位，进一步调整和优化工业布局。发挥主体功能区规划的引导作用，根据区域资源承载力和环境容量，确定区域工业发展方向和开发强度。优化开发区域积极发展节能、节地、环保的先进制造业，推动产业结构向高端、高效、高附加值转变，大力提高清洁能源比重，能源和水资源消耗以及污染物排放强度达到或接近国际先进水平。重点开发区域合理开发并有效保护能源和矿产资源，将资源优势转化为经济优势，改造传统产业，大力发展新兴产业，大幅提高清洁生产水平，降低资源消耗、污染物和二氧化碳排放强度。限制开发区域加强开发强度管制，限制进行大规模高强度工业化开发。禁止开发区域不得进行工业化开发。

落实重大发展战略，推动绿色制造示范和产业升级。推动京津冀地区绿色协同发展，围绕北京非首都功能疏解，以产业转移带动区域产业结构优化调整，构建区域资源综合利用协同发展体系，推动煤炭替代和绿色能源消费，提升区域资源能源利用效率，降低污染物排放。大力推动长江经济带生态保护，推进

沿江工业节水治污、清洁生产改造，加快发展节能环保、新能源装备等绿色产业，支持一批节能环保产业示范基地建设和发展。

推进区域工业绿色转型，实施区域绿色制造试点示范。进一步提高区域工业资源能源利用效率，降低污染排放，强化资源环境标准约束与引领，探索工业绿色低碳转型的新模式、新机制、新思路。引导试点城市加严能耗、水耗、排放标准，加强科技创新与管理创新，率先实现工业绿色低碳转型。梳理总结试点城市成功经验和做法，形成各具特色的工业绿色转型发展模式，以点带面推动工业绿色转型发展。

（八）实施“绿色制造＋互联网”，提升工业绿色智能水平

推动互联网与绿色制造融合发展，提升能源、资源、环境智慧化管理水平，推进生产要素资源共享，用分享经济模式挖掘资源与数据潜力，促进绿色制造数字化提升。

推动能源管理智慧化。实施数字能效推进计划，鼓励企业通过物联网、大数据、云计算、先进过程控制等技术应用，对能源消耗情况特别是大型耗能设备，实施动态监测、控制和优化管理，提高企业能源分析、预测和平衡调度能力，实现企业能源管理数字化和精细化。加大能源管控中心建设力度，在钢铁、化工、纺织、造纸等行业继续普及和完善能源管控中心建设。积极培育工业节能云服务市场，鼓励广大中小企业利用云计算技术共享能源管理。创新能耗监管模式，推进园区和区域能耗监测系统建设，建立分析与预测预警机制。

促进生产方式绿色精益化。利用移动互联网、云计算、大数据、物联网及分享经济模式促进生产方式绿色转型，推动研发设计、原材料供应、加工制造和产品销售等全过程精准协同，强化生产资料、技术装备、人力资源等生产要素共享利用，实现生产资源优化整合和高效配置。加快形成企业智能环境数据感知体系，落实生态环境保护信息化工程。加快绿色数据中心建设。发展大规模个性化定制、网络协同制造、远程运维服务，降低生产和流通环节资源浪费。推动电子商务企业直销或与实体企业合作经营绿色产品和服务，鼓励利用网络销售绿色产品，满足不同主体多样化的绿色消费需求。利用线上线下融合等模

式推动绿色消费习惯形成，增进民众绿色消费获得感。

创新资源回收利用方式。发展“互联网 +”回收利用新模式，支持利用物联网、大数据开展信息采集、数据分析、流向监测，鼓励再生资源利用企业与互联网回收企业建立战略联盟、电商业务向资源回收领域拓展以及智能回收机向互联网回收延伸。支持利用电子标签、二维码等物联网技术，跟踪废弃电器电子产品流向。鼓励互联网企业积极参与工业园区废弃物信息平台建设，推动现有骨干再生资源交易市场向线上线下结合转型升级，逐步形成行业性、区域性、全国性的产业废弃物和再生资源在线交易系统。

（九）着力强化标准引领约束，提高绿色发展基础能力

建立完善工业绿色发展标准、评价及创新服务等体系，打造绿色制造服务平台，加快培育壮大节能环保服务业，全面提升绿色发展基础能力。

健全标准体系。聚焦工业绿色发展需求，围绕绿色产品、绿色工厂、绿色园区和绿色供应链构建绿色制造标准体系，提高节能、节水、节地、节材指标及计量要求，加快能耗、水耗、碳排放、清洁生产等标准制修订，提升工业绿色发展标准化水平。充分发挥企业在标准制定中的作用，鼓励制定严于国家标准、行业标准的企业标准，促进工业绿色发展提标升级。积极推进标准互认，鼓励企业、科研院所、行业组织等主动参与国际标准化工作，围绕节能环保、新能源、新材料、新能源汽车等领域，主导或参与制定国际标准，提升标准国际化水平。加强强制性标准实施的监督评估，开展实施效果评价，建立强制性标准实施情况统计分析报告制度。

建立评价机制。加快建立自我评价、社会评价与政府引导相结合的绿色制造评价机制。加快制定绿色制造评价制度，研究提出绿色制造评价方法和指南，制定分行业、分领域绿色评价指标和评估方法，开发应用评价工具。开展绿色产品、绿色工厂、绿色园区、绿色供应链评价试点，引导绿色生产，促进绿色消费。鼓励引导第三方服务机构创新绿色制造评价及服务模式，面向重点领域开展咨询、检测、评估、认定、审计、培训等“一揽子”服务，提供绿色制造整体解决方案。强化绿色评价结果应用，建立实施能效、水效和环保领跑者制

度，逐步建立评价结果与绿色消费的衔接机制。

夯实数据基础。加快建设覆盖工业产品全生命周期资源消耗、能源消耗、污染物及温室气体排放、人体健康影响等要素的生态影响基础数据库。推动建设包括绿色材料库、设备资源库、绿色工艺库、零件信息库等在内的绿色生产基础数据库和产值数据库。支持钢铁、有色、造纸、印染、电子信息等重点行业建设行业绿色制造生产过程物质流和能量流数据库。建立绿色产品可追溯信息系统，提高绿色产品物流信息化和供应链协同水平。研究制定数据标准和采集方法，完善数据计量、信息收集、监测分析保障体系，开发企业生产数据与数据库公共服务平台对接的软件系统。

强化创新服务。鼓励企业与高校、科研机构、服务机构共建研发中心、实验室、中试基地等科技创新载体，推进建设若干国家绿色创新示范企业和企业绿色技术中心。建立产业绿色创新联盟等创新平台，开展产学研用协同创新。加强绿色制造关键核心技术知识产权储备，构建产业化导向的专利组合和战略布局，建设绿色制造技术专利池，推动知识产权资源共享。提升绿色制造项目甄别、技术鉴定、成果推广、信息交流等服务能力，建立企业、中介机构与金融机构之间的互动机制，利用市场机制和信息化手段，提供知识培训、问题诊断、技术方案、融资支持、效果评估一体化服务。实施绿色制造培训行动计划，完善绿色制造人才培训、咨询、信息等绿色促进服务体系，针对中小企业开展网上培训、免费义诊等。

（十）积极开展国际交流合作，促进工业绿色开放发展

把握“一带一路”建设机遇，全面提升工业绿色发展领域的国际交流层次和开放合作水平，共谋绿色发展，为全球生态安全作出新贡献。

推进绿色国际经济合作。在“一带一路”等国际合作中贯彻绿色发展理念，着眼于全球资源配置，采用境外投资、工程承包、技术合作、装备出口等方式，推动绿色制造和绿色服务率先走出去。钢铁、建材、造纸等行业注重以循环经济模式进行合作，石化化工行业加强境外绿色生产基地建设，积极参与风电、太阳能、核能、电网等国际新能源项目的投资、建设和运营。

强化绿色科技国际合作。紧跟全球绿色科技和产业发展动向，加强工业绿色发展国际交流与合作，充分利用市场规模、装备生产能力、创新环境和人才队伍等方面的优势，吸引全球顶尖研发资源和先进技术转移。加快建立国际化的绿色技术创新平台，加强绿色工业、应对气候变化等领域国际科技合作研究，鼓励国内研发机构与世界一流科研机构建立稳定的合作伙伴关系，广泛开展科研人员交流培训，在更高层次和更广领域推动国际绿色科技合作。

完善对外交流合作长效机制。充分利用多边和双边合作机制，加强节能减排、气候变化、清洁技术、清洁能源开发等方面的交流对话，积极参与工业绿色发展相关谈判和相关规则制定，推动建立公平、透明、合理的全球绿色发展新秩序。加强与联合国开发计划署、全球环境基金等的合作，继续推进与联合国工业发展组织在工业绿色发展领域的合作交流。在中欧、中美及相关国际组织等合作框架下，推动双边及多边政府部门、研究机构、行业协会、相关企业间的交流互动，深入推进中欧绿色产品政策交流与对话，加强中美绿色能源开发利用领域交流合作。支持港澳等地区与内地合作开展节能环保展示交流活动。

四、保障措施

（一）加强组织领导

各级工业和信息化主管部门要充分认识工业绿色发展的重大意义，将推进工业绿色发展作为推动生态文明建设的一项重要任务，加强组织领导，积极会同相关部门健全工作机制，结合实际情况提出加快推进工业绿色发展的目标任务和工作方案，加强地方规划与本规划的衔接。建立责任明确、协调有序、监管有力的工业绿色发展工作体系，切实履行职责，进一步强化目标责任评价考核，加强监督检查，保障规划目标和任务的完成。充分发挥行业协会、产业联盟等的桥梁纽带作用，推动重点行业绿色发展。

（二）创新体制机制

充分发挥市场调节作用，构建工业绿色发展长效机制。深化资源体制改革，通过理顺资源价格体系，建立以市场化为导向的，能够反映市场供求关系、资源稀缺程度、环境损害成本的资源价格形成机制，建立健全用能权、用水权、排污权、碳排放权初始分配制度，创新有偿使用、预算管理、投融资机制，培育和发展交易市场。建立覆盖工业产品全生命周期、全价值链的绿色管理体系。开展能效、水效、环保领跑者引领行动。发布实施《工业节能管理办法》，强化工业绿色发展的法规、标准约束，严格监管，营造良好市场环境。

（三）落实财税政策

加大投入力度，充分利用中央预算内投资、技术改造、节能减排、清洁生产、专项建设基金等资金渠道及政府和社会资本合作（PPP）模式，集中力量支持传统产业改造、绿色制造试点示范、资源综合利用等。落实资源综合利用、节能节水及环保（专用）装备等领域财税支持政策，将绿色节能产品纳入政府采购。

（四）发展绿色金融

以绿色金融支持工业绿色发展，不断扩大工业绿色信贷和绿色债券规模，创新金融产品和服务，积极开展绿色消费信贷业务。积极研究设立工业绿色发展基金，鼓励社会资本投入绿色制造业。建立企业绿色发展水平与企业信用等级评定、贷款联动机制。鼓励金融机构为中小企业绿色转型提供便捷、优惠的担保服务和信贷支持，积极发展融资租赁、知识产权质押贷款、信用保险保单质押贷款。

（五）强化宣传引导

加强舆论宣传引导，开展多层次、多形式的宣传教育，积极开展公益性的宣传活动，大力传播绿色发展理念。充分发挥各类媒体、公益组织、行业协会、产业联盟、公众参与、舆论监督等积极作用，引导消费者树立绿色消费理念，为工业绿色发展营造良好舆论氛围。

参考文献

[1] 中国造纸协会 . 造纸行业“十四五”及中长期高质量发展纲要 [EB/OL]. [2021-12-24]. http: //www.chinappi.org/infs/20211224133011410957.html.

[2] 房桂干 . 限塑和禁止固废进口政策下中国造纸工业纤维原料的供应策略 [J]. 中国造纸，2021，40(7): 1-7.

[3] 生态环境部 . 关于《水污染防治行动计划》2017 年造纸行业清洁化改造任务完成情况的公示 [EB/OL]. [2018-03-23]. http: //www.chinappi.org/news/ 20180402103321271 458.html.

[4] 工业和信息化部，水利部 . 国家鼓励的工业节水工艺、技术和装备目录（2019 年）[EB/OL]. [2019-11-13]. https: //www.miit.gov.cn/jgsj/jns/wjfb/art/2020/art_903c9167d0c14ce8821033f76ccc4075.html.

[5] 陈科 . 透平风机替代水环式真空泵的节能改造实践 [J]. 中华纸业，2021，42(2): 42-46.

[6] 工业和信息化部，环境保护部 . 水污染防治重点行业清洁生产技术推行方案 [EB/OL]. [2016-08-25]. https: //www.miit.gov.cn/zwgk/zcwj/wjfb/qt/art/2020/art_06d5d61cf06e415eba1c3cefac42106f.html.

[7] 冉森 . 化学机械浆废水处理技术现状与发展 [J]. 中国造纸，2021，40(7): 33-39.

[8] 中国环境统计年鉴（2016—2020）[Z]. 北京：中国统计出版社 .

[9] 中国能源统计年鉴（2016—2020）[Z]. 北京：中国统计出版社 .

[10] 国务院 .“十三五”节能减排综合工作方案 [EB/OL]. [2017-01-05]. http: //www.gov.cn/zhengce/content/2017-01/05/content_5156789.htm.

[11] 樊慧明，等 . 国家环保新政策与造纸行业面临的挑战 [J]. 中国造纸，2021，40(7): 33-39.